El Código Cósmico

Parte I

El Código Cósmico

Un enigma celeste
Historia, relatividad y agujeros negros

Parte I

Ernesto Novillo

Copyright © 2010 by Ernesto Novillo.

ISBN: Softcover   978-1-4535-6688-6
       Ebook   978-1-4535-6689-3

All rights reserved. No part of this book may be reproduced or transmitted in any form or by any means, electronic or mechanical, including photocopying, recording, or by any information storage and retrieval system, without permission in writing from the copyright owner.

This book was printed in the United States of America.

To order additional copies of this book, contact:
Xlibris Corporation
1-888-795-4274
www.Xlibris.com
Orders@Xlibris.com
85739

Con todo mi cariño y reconocimiento a:

Marité . . . el aliento y vida de este libro.
Monona . . . el mérito y la paciencia para su diseño.

CONTENIDO

Introducción 11

Parte I: ASTRONOMÍA, GRAVEDAD E HISTORIA......................15

Capítulo 1: La Hermosa Mecánica Hasta El "Annus Mirabilis"........17
1. ¿Por qué la gravedad nos atrae? 17
2. ¿Qué es la gravedad? 21
3. La edad oscura de la gravedad 23
4. La Astronomía islámica 32
5. Revolución Científica: Copérnico, Tycho, Kepler y Galileo 39
   a. Copérnico. El heliocentrismo 40
   b. Tycho Brahe. Las Tablas Rudolfianas 41
   c. Kepler. Las órbitas de los planetas 43
   d. Galileo. Nace la relatividad 44
6. Los "ladrillos" de la Mecánica Clásica 48
   a. Las cuatro fuerzas 49
   b. El movimiento de los planetas. Kepler 50
   c. Campos irregulares y partículas 52
   d. El movimiento de las masas. Newton 52
   e. La economía de la Naturaleza. Lagrange y Hamilton 55
7. La fundación científica de la gravedad: Newton 56
8. El refinamiento científico 61
   a. Euler. Una tormenta matemática 61
   b. Lagrange. Una Mecánica sin fuerzas pero con energía 63
   c. Laplace. La ecuación de los potenciales en el vacío 65
   d. Gauss. Curvatura de las superficies y geodésicas 66
   e. La sabia economía de la Naturaleza para mover las cosas 68
   f. Hamilton. El principio de la Mecánica Analítica 70
9. La Teoría Potencial. Poisson y Green 71
   a. Poisson. La Teoría Potencial en pocas palabras 73
   b. Green. Los campos y potenciales eléctricos 74
   c. Cadena de causalidades gravitatoria 76

10. Electromagnetismo y crisis de la Mecánica.
    Faraday y Maxwell 77
11. La gravedad en el Sistema Solar 78
    a. Descubrimientos celestes 80
    b. Cavorita y fuerzas extraterrestres.....................................81
    c. Cuánto vale la fuerza del Sol..83
    d. Cuanto pesamos en otros astros.......................................84
    e. Un viaje gravitatorio a las antípodas 85
    f. La debilidad de nuestro campo gravitatorio 87
    g. Flotando en los puntos de Lagrange 87
12. Algo para recordar sobre los campos gravitatorios 91

Capítulo 2: La Jornada De 1905, El "Annus Mirabilis" 94
1. Los principios de la hermosa Mecánica..................................98
2. El Electromagnetismo desafía a la Mecánica 99
3. La obcecada velocidad de la luz 100
4. La solución de la controversia 104
5. El pensamiento relativista...105
6. Conclusiones después de la crisis 108
7. El cambio del espacio-tiempo 110
8. La más famosa: $E = m.c^2$ 112
9. Invariantes en la Relatividad 115
10. El universo de Minkowski 117
11. Reflexiones sobre el conocimiento de la Relatividad 119
12. Algo para recordar de la Teoría de la Relatividad Especial.......121

Capítulo 3: De Fuerza A Geometría 124
1. Los "ladrillos" relativistas de la Naturaleza 124
   a. Gravedad y aceleración. El Principio de Equivalencia 125
   b. Un síntoma de falla en Mercurio 127
   c. Un síntoma inesperado dicho por la Relatividad Especial 128
   d. Geometrías no euclidianas 131
   e. Geometría y Física..132
2. Los puntos de partida 134
   a. El Principio de Relatividad General 135
   b. El Principio de Covariancia General 136
   c. La constancia de la velocidad de la luz 140
   d. La ley del Movimiento Inercial Geodésico 141
3. La construcción de una gravedad geométrica 143

4. Métrica de una superficie y teorías métricas de la gravedad..147
5. Las trayectorias relativistas 150
6. El espacio-tiempo; ¿ "algo" o "nada"? 153
7. La velocidad de la gravedad 154
8. La luz en los campos gravitatorios 156
9. Nacimiento y probable muerte del Cosmos 159
    a. La dinámica del Universo 159
    b. La cuna de las estrellas. El big-bang 163
    c. Las estrellas y su gigantesco poder gravitatorio 164
10. Nacimiento y muerte de las estrellas 165
    a. Constante cosmológica y presión degenerada 165
    b. La compresión inusitada de la gravedad 167
    c. Los destinos de una estrella 168
    d. El nacimiento de las estrellas 169
    e. La primera etapa: el hidrógeno 170
    f. La segunda etapa: el helio 172
    g. La tercera etapa: las estrellas de neutrones 173
    h. Cuarta etapa: los agujeros negros 175
11. El modelo rotatorio de Kerr para los agujeros negros 181
12. Algo para recordar sobre la gravedad 184

Bibliografía 189

Introducción

*El enigma de los espacios curvados está en la gravedad . . .
la que es una fascinación especial*

Todo empezó hace miles de millones de años con una explosión que creó el tiempo, el espacio y la materia. Esta última llegó a tomar la forma de minúsculas partículas de polvo desparramadas por todo el Cosmos. Y una insignificante fuerza, la más débil de todas las que hoy se conocen, agrupó a esas partículas a lo largo de miles de millones de años y formó galaxias, estrellas y planetas . . . entre ellos el nuestro. ¿Le debemos entonces a la gravedad nuestra existencia? La respuesta es si. Por lo tanto, saber sobre ella es nada menos que saber sobre nuestro origen y sobre como funciona nuestra "casa", ese gigantesco Universo. Y para contar esta historia, nació este libro.

Éste no es un tratado científico de la gravedad, sino solamente una "narración científica" simple de las ideas sobre la gravedad y el Cosmos, desde aquéllas que tuvieron los antiguos griegos, hasta la teoría relativista de Einstein de 1915. También se agregan a nuestra narración los descubrimientos posteriores sobre el comportamiento de los cuerpos en campos gravitatorios intensos, como los creados por agujeros negros y estrellas de neutrones. Ha sido escrito a modo de "recopilación hilvanada" y con aires históricos, que cuenta de los hombres que sacaron adelante, aunque no totalmente, este enigma que es la gravedad. Una vez contada esta historia, el libro entra en sus consecuencias cósmicas más interesantes y fantásticas.

La obra consta de tres partes. La Parte I es la interesante historia de los hombres y sus ideas sobre el Cosmos y la gravedad. Esta parte incluye también una descripción del nacimiento y muerte de las estrellas y sus apasionantes "exhibiciones artísticas". La Parte II es la más abstracta, porque explica la teoría de la Relatividad General y sus conclusiones sobre la curvatura del espacio-tiempo provocada por las masas. Es aquí donde conoceremos el origen del Código Cósmico, que son las ecuaciones del campo gravitatorio de Einstein. Y finalmente, la Parte III usa la idea de la curvatura del espacio-tiempo y las ecuaciones del Código Cósmico, para describir algunos fenómenos fantásticos que existen en el Universo. Esta última parte exhibe un trabajo de investigación sobre los fenómenos gravitatorios en la proximidad de los agujeros negros. Sus conclusiones se presentan bajo la forma de un Atlas de Trayectorias de astros que están bajo la influencia del intenso campo gravitatorio creado por aquéllos.

Pero para exponer el mundo fantástico de la gravedad, será inevitable usar las Matemáticas, ese lenguaje universal tan temido y tan sencillo a la vez. Y por eso es conveniente que quien lea las Partes II y III de este libro, tenga conocimientos básicos de la Mecánica Clásica y algo de Cálculo.

Además, quien desee entender la Relatividad General, más allá de sus aspectos conceptuales, necesitará conocer, aunque sea someramente, el Cálculo Tensorial, y es por eso que el Capítulo 5 introduce conceptualmente esta disciplina, pero sólo para aquellos que gusten de las matemáticas. Para quienes no les interesen los engorrosos (o enojosos) tensores, el libro se ha escrito de manera que ellos puedan ser obviados y así pueda usted entrar directamente en los fenómenos que provocan los campos gravitatorios intensos, descriptos en la Parte III. Claro que esto lo obligará a aceptar la ecuación que describe la curvatura del espacio-tiempo deducida por Schwarzschild, hecho lo cual, no necesitará atender a la deducción matemática de aquélla, incluida en el Capítulo 7.

En cualquier caso las matemáticas están presentadas mediante explicaciones elementales, frecuentemente carentes de rigor matemático, pero suficientes como para interpretar las ecuaciones desde un punto de vista físico.

No quisiéramos que se considere a este libro como "un curso básico" de Relatividad General, ya que no tiene un fin académico, sino el de despertar la curiosidad por el Cosmos y esa enigmática curvatura del espacio-tiempo que es la gravedad. También deseamos conseguir que usted disfrute de la historia de esta ciencia y sepa como su aplicación describe el universo extraordinario en el que vivimos.

Al concluir el libro habremos paseado por el Cosmos desde nuestro rincón de lectura, usando a la Relatividad General a manera de "telescopio virtual". Después de este "paseo científico-fantástico", usted habrá adquirido una idea conceptual de lo que es la gravedad, su historia, la interpretación relativista de ella, su enorme poder sobre el desarrollo pasado y futuro del Cosmos y los comportamientos extraños que ella produce en el Universo.

Y lógicamente, esperamos que al concluir la lectura de este libro, Ud. pueda asegurar también que;

El encanto de la gravedad es su enigma. El enigma de la gravedad es su debilidad, su tremendo poder cósmico, su origen y . . . su lejanía del sentido común.

Ernesto Novillo
Abu Dhabi, Mayo 2009

Parte I

ASTRONOMÍA, GRAVEDAD E HISTORIA

Capítulo 1

LA HERMOSA MECÁNICA HASTA EL "ANNUS MIRABILIS"

Las ideas y los tiempos antes que cambiaran el tiempo y el espacio.

1. ¿Por qué la gravedad nos atrae?

Desde muy niños sentimos que estamos "pegados" a la Tierra, sin tener una conciencia muy clara de porque. Más adelante, en la escuela aprendimos que hay una fuerza invisible, llamada gravedad, que se ocupa de mantenernos unidos al suelo y que gracias a ella los planetas giran alrededor del Sol. Y con estos dos conceptos podemos vivir tranquilamente el resto de nuestros días. Sin embargo, a poco que indaguemos sobre este fenómeno de apariencia tan sencilla, encontraremos que tiene un poder enorme en el Cosmos y un extraño comportamiento, que frecuentemente aventaja en mucho a las creaciones de la ciencia ficción.

El origen de la palabra gravedad está en el latín, en el que gravis significa pesado. Una derivación de esta palabra en el mismo idioma es gravitas, de la cual hemos derivado el término gravitación. Aparentemente, el origen más antiguo es del griego, que para expresar el peso de una sustancia usaba la palabra barus (βαρυσ). También existen otros vocablos provenientes del sánscrito o del eslavo, pero la relación de ellas con nuestra actual palabra gravedad pareciera perderse en la noche de los tiempos.

¿Por qué nos atrae la gravedad? Esta pregunta pide dos respuestas: una que le corresponde a la Física y que se contesta explicando las causas del fenómeno gravitatorio, al que visitaremos a lo largo de estas páginas. Pero la segunda respuesta se refiere a nosotros, a nuestra incesante curiosidad de saber y nuestra enorme capacidad para asombrarnos. ¿Por qué nos atrae tanto la gravedad? Propongo una respuesta: porque tiene fantasía, ya que nada en ella es lo que parece ser o lo que nuestro sentido común nos dice. Aparte de las innumerables aplicaciones técnicas en las que participa el fenómeno gravitatorio, hay algo en nosotros, los seres humanos, que nos genera las ansias de conocer la "casa en la que vivimos", o sea el Cosmos, su pasado, su presente y su futuro. Pero este Universo no puede ser entendido si no sabemos interpretar las consecuencias de la acción gravitatoria, acción que se encuentra en todos los confines de aquél.

A modo de ejemplo, echemos una rápida mirada al futuro de nuestro Universo; el astrónomo americano Edwin Hubble (1889-1955) descubrió que el Cosmos se está expandiendo como un globo al que estamos inflando y que lo hace a razón de varios millones de kilómetros cúbicos por segundo. Es una expansión alucinante que en nuestra vida diaria no percibimos y que existe desde que se produjo el big-bang, hace ya unos trece mil millones de años. Las galaxias huyen unas de las otras a velocidades que llegan a ser próximas a la de la luz. ¿Hay algo que se oponga a esta alucinante carrera hacia el infinito? Sólo la fuerza de gravedad de las masas que forman las galaxias y la energía radiante dispersa por el espacio, cuyo poder gravitatorio también contribuye a "poner freno" a la carrera galáctica. Pero cuando los científicos miden el efecto de ese freno, se encuentran que el universo no está reduciendo la velocidad de su expansión. Todo lo contrario, se expande aceleradamente. Esto ha llevado a intuir la existencia de una energía, de naturaleza aún desconocida, que produce una acción de repulsión opuesta a la de la gravedad. Esta energía se la conoce como "energía negra" y se supone que inunda todo el Universo.

Pero . . . ¿cuándo terminará esta alocada carrera del Cosmos hacia todos lados? No es fácil contestar esta pregunta ya que ello depende de la cantidad de materia y de energía radiante que haya en el Universo. Si ésta supera un cierto valor, entonces la acción gravitatoria finalmente frenará la expansión y comenzará una contracción que hará que el Cosmos tenga un tamaño y propiedades similares a las que tenía cuando se inició el big-bang. En este caso, es altamente probable que aquél se repita y entonces volverían a formarse galaxias, planetas, estrellas y . . . ¿seres humanos? Posiblemente si . . . pero no lo demos por seguro. Si así fueran las cosas, viviríamos en un

Universo cíclico, que nace y muere cada varios miles de millones de años. ¿Y si la cantidad de materia es insuficiente para frenar la actual expansión? Entonces el Universo se expandirá por siempre y tenderá a tener un tamaño infinito, si es que esto es posible.

El Cosmos es un mundo inundado por la gravedad, la que actúa como un "pegamento" de las masas de cualquier tipo que existan en él. Donde ese "pegamento gravitatorio" exista, significa que allí actúan fuerzas de atracción sobre las masas. Esas fuerzas, así localizadas en una cierta región del espacio, se denominan campos gravitatorios.

Pero pese de estar en todas partes, las fuerza de la gravedad es muy débil, la más débil de todas las fuerzas naturales conocidas y sin embargo regula el funcionamiento del Cosmos y dice como será su futuro. Decimos que la gravedad es débil, porque la fuerza de atracción que crea una cierta cantidad de masa es muy pequeña en comparación con la que esa misma masa es capaz de crear si estuviera cargada eléctricamente. A modo de comparación, recordemos que dos electrones se repelen con una fuerza eléctrica que es varios trillones de veces más grande que la atracción gravitatoria de sus masas.

¿Cómo puede entonces decirse que la gravedad regula el Cosmos? Muy simple, la fuerza de la gravedad depende de la cantidad de masa que la genera. Cuanta más masa, más fuerza de gravedad . . . y como en el Cosmos los astros tienen masas del orden de trillones de toneladas, ellas hacen el papel de amplificadores de esa pequeña fuerza llamada gravedad, que está oculta en cada átomo de su materia. Así se generan entonces las gigantescas fuerzas que se ocupan de mantener a los planetas en sus órbitas, a nosotros pegados al suelo de la Tierra, etc. Para que tengamos una idea, el Sol tiene una masa del orden de 2,000 trillones de trillones de toneladas y ejerce sobre la Tierra una fuerza de atracción del orden de cuatro trillones de toneladas.

El Universo en que vivimos es apasionante para la curiosidad humana. De todo lo que de aquél hemos percibido a lo largo de siglos, nunca hemos encontrado algo en él que no nos llamara poderosamente la atención. ¿Cómo nació? ¿Qué tamaño tiene? ¿Porqué algunos de sus astros siguen órbitas elípticas y otros transitan por curvas abiertas? ¿Qué extraña energía hace que todo se mueva tan armónicamente? ¿Porqué . . . . ? Y no podemos seguir enunciando preguntas porque llenaríamos tantas páginas que posiblemente ése sería uno de los libros más grandes del mundo. Nuestra curiosidad no tiene límites ante el espectáculo cósmico, porque a medida que avanzamos en su conocimiento nos aventuramos cada vez más por el mundo de la fantasía. Las ciencias relacionadas con ese gigante que es el Cosmos cuentan cosas que están tan fuera de nuestra vida cotidiana, que la realidad de éste ha superado la imaginación de los más prolíficos escritores de ciencia ficción.

Pero hagamos un poco más de Ciencia y otro poco de fantasía. El Cosmos tiene gigantescos espacios vacíos inundados de energía, tanta que podría considerarse que ésta es infinita. Conocemos la existencia de tal energía pero no tenemos ningún avance tecnológico que nos permita su uso. Quizá en los milenios por venir podamos hacerlo . . . ya veremos. Pero de acuerdo a la Relatividad Especial, esa enorme cantidad de energía equivale a masas distribuidas por las inmensidades cósmicas, que como vemos no están tan vacías como normalmente se lo supone. Y si esa energía equivale a masa, entonces la gravedad actúa sobre ella y ella a su vez crea fuerzas de gravedad en el espacio que la circunda. De manera que cuando pensemos en la gravedad no podemos limitarnos a las masas solamente, ya que las radiaciones energéticas de todo tipo son atraídas por los campos gravitatorios y también ellas contribuyen con su propia gravedad.

Nosotros estamos aquí, reunidos virtualmente alrededor de esa mesa redonda que forman las palabras escritas y la imaginación, para pasear por uno de los aspectos más enigmáticos del Universo: la gravitación. Es por eso que espero que el lector no vea en este paseo un compendio científico, sino un viaje por el mundo de lo fantástico . . . de lo fantástico también que es "disponer" de gravedad en nuestro Universo y saber que aquélla es un bien tan preciado como puede ser el aire o la luz solar.

¿Cómo sería un mundo casi sin gravedad? ¿Y cómo sería con exceso de gravedad? Podemos contestar estas preguntas con algunas certezas que hemos podido investigar en el Cosmos, pero también con algunas suposiciones que pueden hacer a la imaginación. Lo que es seguro es que la vida que conocemos es imposible en campos gravitatorios intensos, como son las estrellas de neutrones, y en campos débiles, como los que hay en las nubes de polvo cósmico. En estas nubes no hay vida alguna porque la materia aún no se aglutinó para formar elementos más pesados que el hidrógeno y llegar finalmente a formar estrellas y planetas. Por otra parte, los astros que tienen campos gravitatorios muy elevados son asombrosos, como los agujeros negros, pero muy simples. Su altísima gravedad impide la vida, porque su poder gravitatorio destruye cualquier estructura atómica que se encuentre sobre su superficie. Es por esto que los niveles de organización interna de estos astros son mucho más rudimentarios que el organismo de una mariposa. Todo indica entonces que la vida, tal como existe en la Tierra, es sólo posible en campos gravitatorios débiles, como el que hay en la Tierra. Es en ellos donde es posible el desarrollo de organismos ordenados y complejos, como el del ser humano.

2. ¿Qué es la gravedad?

¿Una fuerza como la definió Isaac Newton (1643-1727)? ¿Una combinación matemática de dos tipos de energía como la explicaron el matemático italiano Joseph-Louis Lagrange (1736-1813), y el matemático irlandés William Rowan Hamilton (1805-1865)? ¿O una curvatura del espacio-tiempo como lo propuso Einstein? Las contestaciones a estas preguntas las iremos dando a lo largo de nuestra visita a la gravedad y en ellas veremos porqué hemos dicho que éste es uno de los fenómenos más fascinantes que tiene la Naturaleza. Pero anticipemos la primera contestación: la gravedad es interpretada por la Mecánica de Newton, aquélla que aprendimos en nuestra escuela secundaria o en estudios superiores, como una fuerza. Si dividimos esta fuerza por la masa que la genera tendremos una idea de la intensidad de la gravedad creada por cada kilogramo de masa. Los valores de esta relación se conocen como "campo gravitatorio". Quien haya visto series televisivas como Viaje a las Estrellas, estará seguramente familiarizado con la idea de "campos de fuerza" que afectan las aventuras de las naves interplanetarias. Sin embargo, el esquema newtoniano es válido toda vez que el campo gravitatorio tenga valores moderados, como es el caso de la gravedad terrestre. En cambio, en campos gravitatorios intensos, el esquema newtoniano de fuerzas deja de tener precisión y debemos recurrir a otro, mucho más abstracto, que es la curvatura del espacio-tiempo. Es este último el que postula la Relatividad General y al cual dedicaremos gran parte de este libro.

Newton enunció con exactitud las leyes de la Mecánica en el siglo XVII. En esta nueva y pujante ciencia, él interpretó el fenómeno gravitatorio como una fuerza que "emanaba" de las masas, la que se predecía fácilmente con el esquema de fuerzas que se ejercen desde un punto del espacio y en todas las direcciones de éste. En la Física, este esquema de fuerzas en un punto es llamado "de fuerzas centrales" y es fácil entenderlo si imaginamos un punto (masa) al que confluyen hilos tirantes de goma, en cuyos extremos se encuentran otros puntos también vinculados elásticamente a otros puntos de confluencia y así sucesivamente. El conjunto resulta una "red tridimensional" de resortes estirados, donde cada punto central (masa) trata de atraer a todos los que se encuentran unidos a él (masa próximas), pero como los otros reciben igual atracción de sus puntos vecinos, todo el conjunto se mantiene en equilibrio. En este modelo imaginario las fuerzas elásticas de los hilos son las de atracción gravitatoria. Newton descubrió como calcular esas fuerzas y postuló que la cantidad de estrellas era la misma en todas las direcciones, razón por la cual el Cosmos se encuentra en "equilibrio gravitatorio", aunque todos sus astros estén en movimiento relativo entre sí. En aquél entonces, Newton no dijo nada sobre la gravedad de la energía radiante, porque aún faltaban más de doscientos años para descubrir que la energía y la masa son la misma cosa. A pesar de esto, el modelo newtoniano que hemos explicado como una imagen de hilos elásticos en equilibrio, fue más que suficiente para explicar, con gran exactitud, los movimientos de los astros del Sistema Solar. Un éxito resonante sin duda alguna.

Sin embargo, la Astronomía, no se mostraba satisfecha con algunas de las predicciones de la teoría de Newton. Había cálculos de ésta que indicaban una cosa y la observación de los astros mostraba otra. El ejemplo más inmediato y conocido es el de la rotación que tiene el eje que une el Sol con Mercurio (precesión del perihelio). De acuerdo a la ley de Newton esta rotación es de 531 segundos de arco por siglo, y está provocada por las fuerzas gravitatorias de los planetas próximos sobre Mercurio. Sin embargo, la observación indica que esa precesión es mayor: 574 segundos de arco por siglo. Esos 43 segundos faltantes, no pueden ser explicados por la teoría de Newton, a menos que fuera verdad la existencia de un planeta entre el Sol y Mercurio, que anticipadamente se lo había denominado Vulcano y que por supuesto no existe. Para colmo de males, el enorme desarrollo de la ciencia del Electromagnetismo en el siglo XIX, también mostraba fenómenos que no coincidían con los postulados básicos de la Mecánica.

La solución vino recién en el siglo XX y de la mano de un físico nacido alemán, de raza judía; Albert Einstein (1879-1955), quien investigó la gravedad y llegó a una sorprendente conclusión: ésta no se produce por fuerzas sino por la curvatura del espacio-tiempo que crean las masas de los cuerpos y las energías radiantes. La verdad es que otros científicos de talla, como el matemático alemán David Hilbert (1862-1943), ya postulaban la conjunción de gravedad y geometría para explicar el fenómeno gravitatorio, pero le cupo a Einstein la gloria de haber deducido las ecuaciones que explican y predicen las acciones de la gravedad.

Una vez descubierta la curvatura del espacio, Einstein dedujo que esa curvatura establece los caminos por donde pueden moverse los astros y que éstos están obligados a seguirlos. Su trabajo fue publicado en 1916 y se lo conoce como Teoría de la Relatividad General. Era un complejo estudio basado en unas matemáticas de uso poco corriente: el Cálculo Absoluto o Tensorial. ¿Por qué esta herramienta tan sofisticada? Es porque ella permite escribir ecuaciones que son válidas en cualquier sistema de referencia. Esta propiedad es de gran importancia para la Física porque le permite a ésta expresar leyes de validez universal, de manera que si estamos sobre una plataforma en permanente aceleración o en reposo, las leyes físicas son iguales y tienen la misma forma matemática. A su vez, las expresiones tensoriales también permitieron descubrir la íntima relación entre geometría y gravedad, predecir fenómenos desconocidos y explicar otros que la Mecánica Clásica no puede interpretar.

3. La edad oscura de la gravedad

Nuestra identidad humana comenzó hace muchos siglos, cuando un primer hombre se dijo de pronto "yo existo". No sabemos quien fue este precursor de la conciencia humana, pero su descubrimiento es un hito de importancia. Pero un hito no menor fue cuando el hombre comenzó a comunicarse por medio del lenguaje. Esta posibilidad de transmitir la experiencia con palabras, en vez de esperar el largo camino del aprendizaje de la evolución genética, nos hizo dar un salto gigantesco por arriba de todas las otras especies animales. A partir de allí, el paso importante siguiente fue la palabra escrita, pero eso sucedió muchos miles de años después, allá en el Medio Oriente. En ese entonces dejamos la pre-historia y entramos en la historia.

Estos grandes hitos de nuestra pre-historia e historia; conciencia de existencia, lenguaje y palabra escrita, fueron la base de nuestra vida. Gracias a ellos el hombre pudo sobrevivir en su lucha contra el hambre, la cual, lamentablemente no ha sido ganada aún, pese a que estamos ya en el siglo

XXI. En los tiempos primitivos, el hambre era el enemigo contra el cual había que luchar a diario. Pero esta lucha obligó a que los roles del hombre y la mujer de entonces se dividieran: el hombre salía a cazar y la mujer se quedaba en la choza, o la caverna, con los niños y cuidando el fuego, ese fenómeno que mantenía la vida y que era escaso y difícil de obtener. En el fondo, la vida diaria era la lucha por conseguir la energía, bajo la forma de fuego, alimentos y también de trabajo esclavo.

Cuentan que gracias a aquella primaria división de tareas, la mujer quedó en posición de descubrir algo que los cazadores masculinos no hubieran podido; la agricultura. Ésta fue un gran paso en la lucha contra el hambre. Y a continuación el ser humano se percató de la importancia del clima en la producción de sus cultivos. La posibilidad de predecirlo se transformó entonces en una necesidad para aumentar la producción de comida. Se comenzó a relacionar la posición del Sol con las estaciones y de a poco, la observación del cielo hizo nacer una ciencia: la Astronomía. Predecir estaciones sobre la base de los astros fue apenas el comienzo de una larga "mirada al cielo", que aún no ha concluido. Pero digamos también que el Universo, ese gigantesco espectáculo, ha tratado de ser explicado por el hombre desde tiempos muy antiguos y no solamente para predecir el clima.

Algunas explicaciones de nuestros remotos antepasados sobre el Cosmos responden a modelos harto curiosos y equivocados, como aquellos famosos elefantes que sostenían el mundo. Pero estas ideas no vale la pena ni comentarlas, ya que nada aportaron al conocimiento del fenómeno gravitatorio y del Cosmos. Es por eso que no vamos a mencionar a todos los modelos de Universo que imaginó el hombre, sino solamente a los que podemos considerar como los precursores de la moderna Cosmología, ciencia que se alimenta de la Astronomía y de la Física.

La descripción del Universo no ha sido tarea sencilla en la historia de la humanidad, porque hay tres aspectos que necesitaron siglos de maduración intelectual hasta que el hombre los interpretó correctamente. Uno es la gravedad, otro es la esfericidad de la Tierra y el tercero son las trayectorias de los astros. Hoy podemos decir que sabemos mucho del primero, pero debemos considerarlo todavía como una "asignatura pendiente". El segundo, que es la imperfecta redondez de la Tierra podemos considerarlo un conocimiento muy satisfactorio. La tecnología permitirá perfeccionarlo.

Y en el tercero hemos avanzado mucho, pero no lo suficiente. En cualquiera de los tres casos, necesitamos más ciencia y tecnología para completar el conocimiento que nos falta.

¿Cómo evolucionó la ciencia? La verdad es que pasaron varios siglos de historia antes que la humanidad comenzara pensar en términos científicos. Aunque los antiguos griegos son los que más se aproximaron, ya que ellos tenían una clara idea de cómo "debía ser la ciencia", en el campo de la Física no llegaron a "hacer ciencia".

Vayamos a uno de los mayores exponentes de la Grecia antigua; Aristóteles (384-322 a.C.) el estudiante más destacado de la Academia de Platón, según lo reconoció este mismo. Aristóteles fue un gran enciclopedista. Su capacidad para observar la Naturaleza y registrar sus hechos, disecar insectos, estudiar los animales marinos, las piedras, tratar de encontrar la razón de los hechos físicos, el desarrollo de ideas filosóficas, etc., hicieron de él un sabio extraordinario. Sin embargo no fue un gran experimentador y esto le hizo equivocar la interpretación de muchos fenómenos físicos. Sus errores no fueron advertidos sino con el correr de los siglos, pero antes de ser corregidos, la ciencia de Aristóteles sufrió un destino inmerecido. Nuestro sabio griego sostenía que los organismos vivos eran una perfecta creación, cada uno hecho para cumplir una función vital. Esto lo llevó a creer que existía un plan superior, que había diseñado la vida que vivimos, con un objetivo final. La unión de estas ideas con su creencia en la eternidad de la inteligencia, motivó que algún alucinado miembro de la Iglesia de Roma creyera que Aristóteles describía la obra de Dios, según la interpretación cristiana. Y por lo tanto no tuvo mejor idea que establecer que las ideas aristotélicas eran principios dogmáticos que coincidían con los del cristianismo. Y la consecuencia fue lamentable, porque los aspectos que eran erróneos de la ciencia de Aristóteles fueron clasificados como dogmas y esto afectó negativamente a la evolución del pensamiento de generaciones enteras.

Y así, la edad intelectual oscura de la humanidad, aquella lejana Edad Media, confundió con el dogma religioso a las ideas científicas de Aristóteles. Casi dos mil años debieron transcurrir para que se corriera el velo oscuro de la ignorancia dogmática. Sin embargo, de haber llegado vivo a la Edad Media, Aristóteles hubiera sentido una tremenda frustración por la manera que fueron maltratadas sus ideas.

Aristóteles creía, y con toda razón, que la ciencia se debía desarrollar sobre una serie de principios evidentes, que permitieran deducir teoremas por medio de las matemáticas y así llegar a las leyes de la naturaleza. Él mismo descubrió el principio de la flotación de los cuerpos sumergidos en un líquido, pero la verdad es que a pesar de su genio y de la inteligencia de todos los que formaban la Academia de Platón, no quedó una doctrina que sirviera para el entendimiento de los fenómenos físicos. Peor aún, los sabios de la Academia griega dejaron algunos conceptos equivocados como el de la noción de fuerza que según Aristóteles, sólo se transmitía por contacto físico. Esto es un error porque es posible transmitir fuerzas por acciones de campo, como el electromagnético.

Aristóteles sostenía también que un cuerpo se mueve en tanto se le aplique una fuerza y que cuando ésta se suprime, se detiene instantáneamente. Sin embargo, al arrojar un objeto éste sigue su marcha y ya no hay fuerza aplicada. ¿Cómo explicaba esto Aristóteles? La verdad es que encontró una explicación muy sofisticada; sostenía que el aire desplazado por el objeto se deslizaba alrededor de éste y creaba atrás de él una presión que mantenía el empuje sobre el objeto. No tenía ni noción de la inercia, esa propiedad física que mantiene el movimiento en ausencia de fuerza. Este error se mantuvo hasta el siglo XVII, impidiendo que se descubrieran las leyes del movimiento.

Curiosamente decía también que la caída de los objetos era siempre vertical. No tenía ni noticias de la parábola que siguen los objetos lanzados al espacio con una componente horizontal. Y pudo conocerla porque con sólo observar el vuelo de una piedra lanzada hacia arriba y hacia adelante podría haber registrado su trayectoria parabólica.

Otro error serio, que Aristóteles pudo evitarlo haciendo experimentos con cualquiera de los cientos de esclavos que disponía, era la caída de los cuerpos. No estamos sugiriendo que arrojara a aquéllos por un precipicio, sino que les hiciera arrojar objetos y medir los tiempos de caída. Un sencillo experimento que recién después de casi 18 siglos hizo Galileo, quien midió por primera vez la aceleración de la gravedad. Con alguna razón que da la intuición, Artistóteles explicaba que los cuerpos más pesados caen a mayor velocidad que los más livianos. Y no es así, como lo demostró después Galileo.

La aceleración de la gravedad es la misma para una pluma de ganso que para un cubo de plomo. Ambos caen con una igual aceleración en un medio sin aire, y decimos sin aire porque éste afecta la caída de la pluma. Es interesante saber (o para algunos recordar), que el 2 de Agosto de 1971 el comandante de la Apolo 15, David Scott, hizo sobre el suelo lunar un experimento interesante: dejó caer una pluma de halcón y un martillo, simultáneamente. Lógicamente, ambos llegaron simultáneamente al suelo. Los miles de millones de hombres que supimos de Galileo y sus experimentos no debemos asombrarnos. Ya sabíamos el resultado. Pero para Aristóteles y los millones de hombres que vivieron antes de Galileo en Occidente, hubiera sido una sorpresa de aquéllas.

Recordemos que la aceleración de la gravedad es un número que dice cuanto aumenta la velocidad de caída de un instante a otro. Por ejemplo, la velocidad de un cuerpo que cae en la Tierra aumenta 9.8 metros por segundo su velocidad cada segundo que transcurre su caída. Y así nació la historia de la gravedad, allá en la antigua Grecia, con una grave falla, que la provocó Aristóteles cuando estableció que una fuerza sólo puede actuar si está en contacto con su destinatario. A pesar de que en la antigüedad se conoció el magnetismo en la ciudad de Magnesia (actual Turquía), a nadie se le ocurrió que esa forma de actuación de una fuerza de la Naturaleza, sin contacto físico alguno, podía ser también la forma de actuar de la gravedad. Desde Aristóteles hasta Newton, que fue el primero en interpretar la gravedad como una fuerza a distancia, transcurrieron unos veinte siglos. Vayamos ahora a la visión del hombre sobre el mundo que habitaba. Los griegos creían que existían esferas cristalinas, cuyo centro coincidía con el de la Tierra, sobre las cuales estaban los planetas y las estrellas. Aristóteles era uno de los creyentes en este modelo. Véase la Figura 1.1. Dentro de ese universo, nuestra Tierra, debía tener una forma geométrica determinada, y por diversas razones los antiguos griegos pensaron que la Tierra era esférica. Esta idea aparece por primera vez en nuestra historia en el siglo VI antes de Cristo, gracias a Pitágoras de Samos (circa 582 a.C.-507 a.C.), quien creó una escuela de pensamiento que consideraba a las matemáticas como el centro de saber humano. Dos siglos después de Pitágoras, Aristóteles aseguró también que la Tierra era redonda en su libro "Acerca de los Cielos". Esta idea era y es realmente notable, ya que va en contra de la intuición y la experiencia de la vida diaria, las que hacen pensar que se vive en un mundo plano.

Hasta Aristóteles inclusive, no hay referencias al tamaño de la Tierra, pese a que se conocía su redondez. Fue Erastótenes de Cirene (circa 284 a.C.-192 a.C.), director de la biblioteca de Alejandría, quien tuvo las primeras "inquietudes geodésicas" del hombre. Él midió el ángulo del arco de un meridiano que pasaba por la ciudad de Aswan, sobre el Nilo y la de Alejandría y llegó a la conclusión que un arco de círculo máximo terrestre mide 252,00 estadios, los que a razón de 185 metros por estadio arroja un valor de 46,620 Km aproximadamente. El consecuente radio de la Tierra resultaría igual a unos 7,420 Km. Este radio es, aproximadamente, un 16% mayor que la realidad, lo cual no está nada mal para los instrumentos y conocimientos rudimentarios de aquellos años. Sin embargo, puede suceder que Erastótenes usara la unidad de medida egipcia, en cuyo caso el error de su cálculo se reduce a menos del 2%. Mucho más asombroso que el resultado anterior.

El sucesor de Erastótenes en el cargo de director de la biblioteca de Alejandría, fue Hiparco de Nicea (circa 190 a.C.-120 a.C.), quien aproximadamente dos años antes de la muerte de Erastótenes, y al igual que aquél, sostuvo la redondez de la Tierra e inventó las primeras ideas sobre trigonometría y los conceptos de longitud y latitud geográficas. Vemos entonces que dos siglos antes de Cristo estábamos avanzando en la dirección correcta.

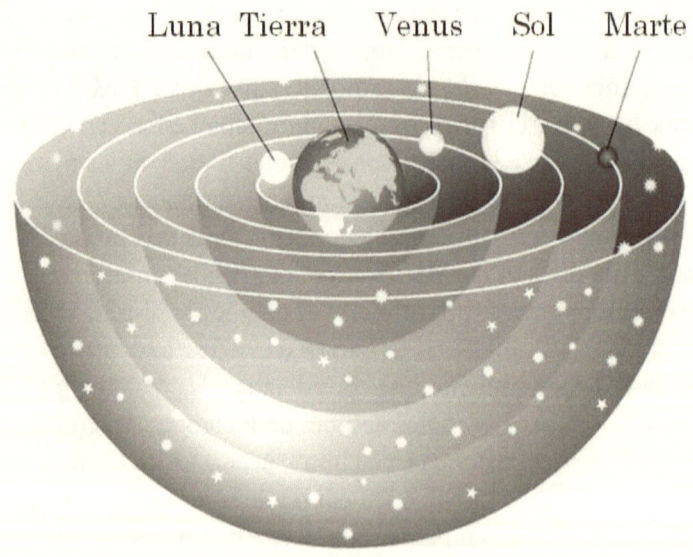

Figura 1.1. Visión del Universo de los antiguos griegos (de Wikipedia)

Lamentablemente, con el transcurso de los años se perdió el conocimiento de la redondez de la Tierra, y así llegamos al siglo XV dC, cuando Colón demostró con su viaje a América que la Tierra era redonda. No sólo consiguió demostrar con su viaje la forma de nuestro planeta, sino que además descubrió un nuevo y enorme continente: América (¿por qué no lo hemos llamado Colombia?). Con Colón dimos un salto hacia delante, pero la gravedad tuvo que esperar hasta el siglo XVI para hacerse conocer.

A medida que las ideas sobre la Tierra avanzaban, también se hacían conjeturas sobre la cinemática del Universo, aunque muchas de ellas radicalmente equivocadas. En general, los modelos de Universo de aquellos albores de nuestro intelecto asumían que la Tierra estaba fija en la inmensidad del espacio y que todos los demás astros giraban a su alrededor. Lógico; eso es lo que muestra la observación de los cielos. Pero no todos compartían este equivocado concepto y uno de ellos fue Aristarco (310 a.C. a 230 a.C.), un astrónomo y matemático griego, nacido en Samos y fuerte usuario de la biblioteca de Alejandría. Él propuso un modelo de Universo certero, ya que se basaba en el helio-centrismo. Toda una hazaña intelectual para la época, aunque no existen firmes evidencias de que el modelo de Aristarco fuera helio-céntrico.

De todos modos, se asume que en el modelo de Aristarco los planetas giraban alrededor del Sol siguiendo órbitas circulares, en tanto que aquél estaba quieto. Lamentablemente estas ideas, básicamente correctas, fueron cuestionadas sobre la base de diferentes razones, pero dos de ellas fueron las que más pesaron para que el modelo de Aristarco no tuviera éxito. La primera era que en aquellos años se creía que las cosas caían porque eran atraídas desde el centro del Universo. Y como era evidente que ellas caían hacia el centro de la Tierra, ésta indudablemente estaba en el centro del Universo y no el Sol. Por lo tanto se concluía que éste se movía alrededor de una Tierra absolutamente quieta. Pese a que esta idea es equivocada, vemos que hay en ella una primera aproximación al concepto de gravedad como fuerza de atracción.

La segunda razón era tanto más curiosa y equivocada: si la Tierra estaba en movimiento, entonces tendría que "sentirse" un fuerte viento que podría incluso enviar al espacio las cosas que estaban sobre ella. Este razonamiento tenía cierto asidero en hechos de la vida diaria, como era el sentir el viento en la cara cuando se galopaba sobre un caballo, pero era indudablemente erróneo. Hoy sabemos que no hay ningún gas más allá de la atmósfera terrestre que pudiera haber hecho las veces de "fluido soplante". Y así, la sabia propuesta de Aristarco, que hubiera ayudado a construir sobre ella un modelo correcto del Universo, fue relegada al olvido por casi dos mil años. Recién en el siglo XVI aparece en Occidente un modelo de Cosmos como el de Aristarco; el copernicano.

De la obra de Aristarco sólo ha sobrevivido su trabajo "Sobre los tamaños y distancias del Sol y la Luna" cuya metodología científica es correcta. Lógicamente, los instrumentos rudimentarios de aquella época impidieron que los cálculos de Aristarco tuvieran alguna exactitud.

Más de cuatro siglos después de Aristóteles, el astrónomo y geógrafo Ptolomeo (85-165), nacido en Ptolemais Hermii, Egipto, elaboró un modelo de Cosmos, que prevaleció por 1,400 años, según el cual la Tierra estaba en su centro y el Sol y todos los demás planetas giraban alrededor de ella. La elaboración de esta teoría se basó en observaciones que Ptolomeo hizo mientras vivía en Alejandría, donde aparentemente pasó la mayor parte de su vida y allí murió. Escribió un libro titulado "El gran astrónomo" (Algunos autores lo mencionan como "El gran sistema"), conocido por su nombre árabe como "Almagesto", donde describió los movimientos del Sol, la Luna y los planetas con algunas demostraciones matemáticas. Almagesto es una españolización de Al-megistre, que está formado por el artículo árabe "al" y la palabra griega "megistre" que en árabe significa "más grande".

Es bien conocido que a lo largo de un año los planetas presentan una trayectoria en el cielo con un aparente retroceso, que se debe a las diferentes velocidades angulares de rotación que tiene la Tierra respecto de aquéllos. El ir y volver de estos astros hizo que los griegos usaran la palabra "vagabundo" para designarlos, palabra que en su idioma es "planeta". Los retrocesos mostrados por las trayectorias planetarias dieron lugar a una curiosa concepción sobre sus órbitas, para que el modelo coincidiera con la realidad observada. Se imaginó que cada planeta se movía siguiendo una órbita circular, sobre la cual se superponían otras órbitas de menor tamaño, llamadas "epiciclos". Véase la Figura 1.2.

Si un epiciclo no era suficiente para lograr la coincidencia entre el cálculo y la observación se agregaban más epiciclos hasta lograr la coincidencia. Las trayectorias que imaginó Ptolomeo son realmente curiosas pero imposibles.

Visto con los ojos de hoy, este movimiento es totalmente disparatado ya que las leyes gravitatorias de Newton, basadas en la existencia de fuerzas centrales emanadas de las masas, no tienen forma de explicar semejantes órbitas secundarias.

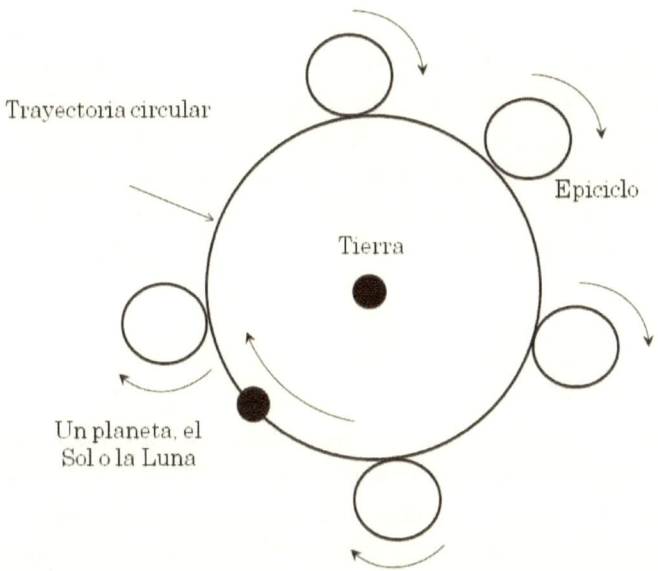

Figura 1.2. Modelo del Universo de Ptolomeo

La teoría geocéntrica de Ptolomeo, fue degradándose con el tiempo al igual que sucedió con las ideas de Aristóteles, al extremo que trascendió del campo de la Ciencia, y entró al de la Religión, cuando la Iglesia Católica la incorporó a sus creencias y la impuso dentro de su doctrina de fe. Con esto, la idea de Ptolomeo perdió la posibilidad de ser debatida y perfeccionada y quedó estancada en un terreno que no le corresponde a ninguna teoría científica; el de la fe.

Y entonces allí quedaron las cosas; no se concebía una fuerza sin contacto y el Universo debía ser interpretado, por mandato religioso, según las ideas de Ptolomeo. La consecuencia de este desatino intelectual fue seria; por varios siglos nadie se atrevió a refutar al modelo geocéntrico y así el conocimiento del hombre sobre el Universo quedó estancado un largo tiempo: casi 1500 años.

4. La Astronomía islámica

Cielos, clima, navegación, caravanas en el desierto y religión

Es un grave error, y lamentablemente común, asumir que los avances científicos en Occidente son los únicos que sentaron las bases de la ciencia que hoy tenemos. En el Medio y Lejano Oriente hubo también importantes avances científicos, que no siempre han sido bien conocidos en los países de Europa y América. La Astronomía en especial, y en parte debido a causas religiosas, fue investigada en los países islámicos cuando aún Occidente estaba sumido en los oscuros años de la Edad Media. Algunos científicos islámicos llegaron incluso a hacer consideraciones sobre la capacidad de las masas para crear fuerzas de atracción, aunque es verdad que no llegaron a descubrir las bases conceptuales de la Mecánica.

Las civilizaciones pre-Islámicas del Medio Oriente fueron atraídas por el encanto del cielo en las noches cristalinas de aquellos países. Pronto comenzaron a notar que los cuerpos celestes se ubicaban siempre "en los mismos lugares" según fuera la época y la hora de ese momento. Instintivamente buscaron entender porque se repetían algunos comportamientos, tal como los que observaban en la constelación de Orión o la quietud que mostraba una estrella que hoy conocemos como Polaris. Eran los comienzos de la Astronomía árabe. Y por supuesto que no faltaron las interpretaciones religiosas, por lo que algunas tribus árabes adoraban a Sirio. En Egipto, usaban un calendario que establecía el comienzo del día cuando Sirio se desvanecía.

Pero el gran descubrimiento que llevó la Astronomía de ser el arte de observar el cielo a la categoría de ciencia, se produjo cuando en algún año remoto, un hombre se percató que las figuras en el cielo se relacionaban con el clima. Fue un gran descubrimiento notar que la constelación de Orión ascendía a medida que se iban los calores intensos y llegaba la estación fría . . . si es que es posible hablar de frío en Medio Oriente. Y así, las antiguas civilizaciones árabes, en su mayoría organizadas tribalmente, comenzaron a compilar datos para hacer un calendario estelar.

En las tierras que hoy son los países del Golfo Arábigo, inventaron un calendario que medía el transcurso del tiempo en decenas de días, relacionando cada una de estas decenas con el ascenso y ocaso de una determinada estrella. Los conocimientos adquiridos por los antiguos pueblos árabes sobre Astronomía, no se quedaron en la mera observación del cielo y su relación con el clima. También tuvieron profundas consecuencias sobre la vida económica árabe. La primavera fue relacionada con la luna, y pronto se descubrió que en esta época la fauna submarina se aproximaba a la superficie de las aguas, lo cual facilitaba la pesca. Por añadidura, la predicción de la estaciones optimizó los cultivos, la cría de ganado, la pesca y la captura de perlas en la región del estrecho de Hormuz, hoy conocido como "la yugular del petróleo".

Aquél antiguo calendario árabe también ayudaba a predecir los vientos fuertes y las lluvias, permitiendo programar la mejor época para hacer viajes terrestres y marítimos. Los viajes al norte, hacia Siria y Jordania, se hacían en el verano, ya que en aquellas regiones el calor es menos intenso. En cambio, los viajes hacia el sur, donde están las tierras que fueron de la reina de Saba y hoy forman el Yemen, se hacían en el invierno.

Estos conocimientos pasaron de generación en generación. Se ha perdido el nombre del inventor de aquél antiguo calendario, pero sabemos que éste no sólo perduró por muchos años sino que se extendió a todos los lugares de la península arábiga.

La estrella Polaris no es de primera magnitud, pero tiene una ubicación privilegiada en el cielo. Está exactamente sobre el Polo Norte celeste. Los marinos antiguos, y también los de nuestros tiempos, la conocen muy bien y saben que gracias a esa ubicación especial la latitud terrestre, desde el lugar en que se encuentra un observador, es exactamente igual a la altura de Polaris. Sepa el lector no familiarizado con las ciencias de la Astronomía o de la Navegación, que se llama "altura" de un astro al ángulo que forma una línea hacia el horizonte, con una línea imaginaria que apunta al astro. La ubicación de Polaris en el Polo Norte celeste es muy cómoda para quien está en el medio del océano o del desierto. Con sólo estimar o medir la altura de Polaris ya sabe la latitud en que se encuentra. Esta propiedad no pasó inadvertida para los antiguos pueblos árabes y la usaron intensamente en sus navegaciones hacia otras tierras y en sus caravanas en el desierto.

Los marinos y viajeros árabes también conocían a Canopus, la estrella "complementaria" de Polaris. Si veían a ésta ascendiendo y a Canopus descendiendo, sabían que estaban viajando hacia el norte, y viceversa.

Era, a no dudar, un conocimiento más que importante en aquellos años cuando no existían mapas, ni sextantes, ni conocimientos de Trigonometría Esférica, ni tablas de logaritmos para simplificar cálculos, ni los modernos GPS.

Pero Polaris no está exactamente en el Polo Norte celeste porque el eje polar celeste coincide con el terrestre y éste precesiona. Por lo tanto el eje polar celeste no apunta exactamente siempre al mismo lugar del cielo. Sus desvíos no son notorios a simple vista, pero suficientes para que las mediciones de la altura de Polaris necesiten ser corregidas, para evitar que el cálculo de la latitud resulte equivocado. Este fenómeno era más significativo en los tiempos antiguos que ahora, y se estima que en unos doscientos años en adelante la precesión de la Tierra será cero. ¿Desconocían los árabes este sutil comportamiento del cielo? De ninguna manera. Se encuentran descripciones de la precesión terrestre en los libros del gran marino Ahmed Bin Majid, nacido en el siglo XV después de Cristo, en lo que hoy es el Emirato de Ras Al Khaima. Majid hizo numerosas travesías y llegó a la India guiándose exclusivamente por la navegación de altura de las estrellas. Escribió varios libros sobre navegación, los que por muchos años fueron una importante referencia para marinos y comerciantes que viajaban a la costa Este de África y a la India.

En aquél antiguo mundo no sólo habían tribus nómades como los beduinos, sino también ciudades que brillaban por su actividad económica y su cultura. Pero como nada es perfecto en esta sociedad humana, existían también costumbres disolutas, que descomponían el "tejido social" en beneficio de algunos y en detrimento de otros. Pero allá por el siglo VI después de Cristo, sucedió algo que cambió, no sólo la historia de aquellas tierras, sino también la historia moderna; nació el Profeta Mahoma. Éste fue un incansable luchador contra la corrupción que corroía la sociedad. Pero no alcanzaba con predicar. El Profeta, a diferencia de Jesús Cristo, decidió tomar las armas y desde la ciudad de Medina comenzó una guerra destinada a quitarle el poder a quienes lo manejaban corruptamente. Sus objetivos militares fueron exitosos y finalmente entró triunfante a La Meca. ¿No es para pensar que hubiera sido bueno que existieran más hombres como Mahoma?

Cuando Mahoma tomó a La Meca por las armas en el año 605 dC, no sólo dio comienzo a un imperio que duró casi mil años, sino que se originó una revolución religiosa e intelectual que en nuestros días la siguen unas 1,500 millones de personas; nada menos que el 22% de la población mundial. Ese don de la Naturaleza que es el petróleo y los rasgos culturales debidos a su fe, hacen que los pueblos islámicos tengan una posición política y de poder económico muy especial en el mundo moderno. Lamentablemente Mahoma murió antes de conocer la expansión árabe en el mundo de aquella época. Posiblemente tampoco imaginó que sus sucesores acabarían con la dinastía Sasánida en Persia y golpearían durante al Impero Bizantino. Y mucho menos supo de la terminación del Imperio Árabe a manos de Genghis Khan, quien, muy lamentablemente, mató indiscriminadamente a la gran mayoría del pueblo árabe.

La Biblia contiene la historia del mundo judeo-cristiano, pero también la del islámico. Ser musulmán significa aceptar la historia contada en aquélla por los profetas, e incluso aceptar la creencia en la divinidad de Cristo y la virginidad de María. Sin embargo, sabemos que la Biblia no es la palabra de Dios sino la historia contada por el hombre. El Corán en cambio, es la palabra sagrada, ya que la fe musulmana dice que éste fue escrito por Alá, el único dios que existe.

Los cielos y los astros que en él transitan son considerados signos de Dios por la religión musulmana. El Corán se refiere a los siete cielos creados por Alá en perfecta armonía, donde los astros viajan según los dictados de su Creador. Los movimientos del Sol y de la Luna son cruciales para la religión árabe según veremos más abajo. El calendario islámico tiene doce meses lunares, que duran aproximadamente 29 días cada uno. Las festividades y eventos religiosos islámicos están referidos a este calendario, como son el Ramadán y las oraciones diarias. El primero está gobernado por la Luna, en tanto que el segundo está regido por el Sol.

Una vez por año y durante cuatro semanas, los musulmanes ayunan todo el día, en celebración de la entrega del Corán a Mahoma por parte de Alá. Y lo hacen con devoción, siguiendo un calendario lunar. Es el período del Ramadán. Durante él la actividad del mundo musulmán se reduce sensiblemente todo el día. Pero para determinar las fechas exactas del Ramadán de cada año es necesario un conocimiento exacto de la posición de la Luna porque se sigue el calendario lunar introducido por el Califa Omar en el año 638 dC. Este calendario tiene once días menos que un año solar. De manera que desde los tiempos en que Mahoma regía el naciente

Imperio Árabe, los científicos islámicos comenzaron a observar la Luna y a registrar sus movimientos.

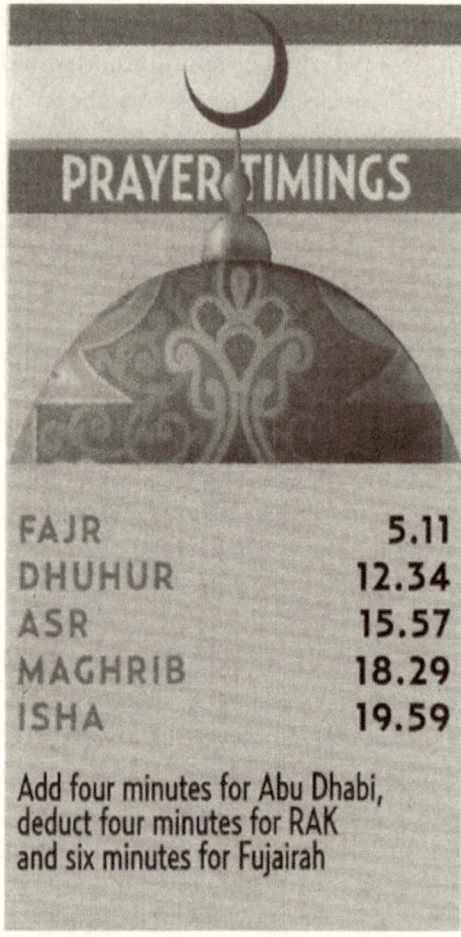

Figura 1.3. Horas de oración. Recorte de un periódico de Abu Dhabi. Marzo 2009

La fe musulmana impone a sus creyentes cinco obligaciones ineludibles: manifestar su fidelidad y fe en Alá, hacer caridad, orar cinco veces por día cara a La Meca, ayunar en el período Ramadán y para quienes pueden hacerlo, peregrinar al menos una vez en su vida a La Meca. Estas obligaciones indican claramente que no es posible ser un musulmán "a medias". Las tres últimas obligaciones han motivado la investigación de la Astronomía y de la Geografía en el mundo islámico desde los tiempos de Mahoma y a ellos haremos mención en este punto, de manera sucinta, ya que la historia y la cultura árabe son demasiado ricas como para contarlas en toda su extensión en este punto.

**Figura 1.4. Astrolabio árabe
(Museo del Arte y la Cultura Islámica. Sharjah)**

En el Corán está también escrita la obligación de orar cinco veces por día: al amanecer, al mediodía, a la tarde, a la puesta del Sol y a la noche. Sin embargo la religión islámica no permite hacerlo a una hora aproximada sino exacta. Es por eso que en los diarios de los países árabes se publican la horas de la oración obligada del día, cuyos nombres árabes son: Fajr (amanecer), Dhuhur (mediodía), Asr (tarde), Maghrib (puesta del Sol) e Isha (noche). Y no se trata de una hora aproximada sino que tiene una precisión del orden de un minuto, que varía de día a día con la posición del Sol. Más aún, la misma tabla contiene la corrección a aplicar, en minutos, para lugares próximos al de la ciudad de impresión del periódico. Véase la Figura 1.3 el recorte de un periódico moderno en los Emiratos Árabes.

Las oraciones de Fajr deben comenzar con las primeras luces del amanecer y terminan cuando el disco del Sol está sobre el horizonte. Las de Dhuhur comienzan cuando el Sol cruza sobre el meridiano en el que está la persona, y terminan cuando la longitud de la sombra de un objeto, o persona, es el doble de su altura. En ese momento comienza Asr, que dura hasta la puesta del Sol. Ésta ocurre cuando el color del Sol es rojo. En ese entonces comienza Maghrib, el que termina cuando está completamente oscuro. Éste es un tiempo muy corto. Y finalmente Isha, el que comienza cuando es bien de noche y dura unas tres horas. Cuando las horas de las oraciones son anunciadas por el muecín desde lo alto de un minarete los árabes de hoy en día paralizan toda su actividad y van hacia la mezquita más próxima a orar. En total emplean unos veinte minutos para cumplir con cada una de sus cinco oraciones diarias. Piense entonces que un musulmán se aproxima a Dios no menos de una hora y media por día.

El Ramadán, la precisión requerida para la hora de rezar, la obligación de hacerlo cara a La Meca, etc. llevaron a la sociedad islámica a la necesidad saber la hora, conocer la posición del Sol y la Luna, saber la posición geográfica de La Meca... en fin, saber Astronomía, Geografía y desarrollar técnicas para medir el tiempo. Y así comenzó en los países árabes el estudio de los movimientos astrales.

En los siglos VIII y IX, la Astronomía árabe absorbió conocimientos de los antiguos griegos, de la cultura india y de la antigua civilización Sasánida. De especial interés fue la obra de Ptolomeo, el Almagesto, que ya mencionamos antes y cuyo nombre es debido a los árabes. Con el correr de los siglos la obra de Ptolomeo fue ampliada y perfeccionada por los científicos islámicos, aunque su modelo geocéntrico no fue soportado por todos los científicos árabes. El modelo heliocéntrico en cambio fue usado por muchos.

Es interesante la importancia que tiene la ciencia en el Islam. Pseudociencias, como es la Astrología, no tienen cabida. Un musulmán que consulte un astrólogo pierde 40 días de sus oraciones y si cree en lo que éste le dice deja de ser musulmán. Esto no es obstáculo para que en algunos países, como son los Emiratos Árabes, se publiquen en algunas revistas las conocidas y poco confiables predicciones astrológicas, principalmente para consumo de aquéllos que no son musulmanes.

A partir de aquellos albores de la civilización pre-islámica, aparecieron incontables obras sobre Astronomía. La primera de ellas en el año 830.

Éstas fueron unas tablas registrando los movimientos del Sol, la Luna y cinco planetas relevadas por al-Khwarizimi.

La sucesión de estudios sobre las estrellas es larga y culmina en el siglo IX con la descripción que hizo el astrónomo Albumasar de un sistema planetario con el Sol en el centro de giro de los planetas, lo cual contradecía la herencia de Ptolomeo. Las observaciones astronómicas llevaron al desarrollo de instrumentos de observación tal como astrolabios, sextantes y ábacos mecánicos para la predicción de los movimientos celestes. Véase la Figura 1.4. Es de destacar la exhibición que sobre ellos hay en la ciudad capital del Emirato de Sharjah, en el Museo del Arte y la Cultura Islámica, inaugurado en el año 2008. También fue necesario desarrollar la geometría esférica y hasta se han encontrado tablas de la función seno para aplicar a los estudios astronómicos.

Cuando llega el ocaso del imperio árabe en el siglo XV, las teorías heliocéntricas estaban generalmente aceptadas. La llamada Revolución de Maragha fue un movimiento intelectual contra el modelo de Ptolomeo. Afortunadamente las autoridades eclesiásticas islámicas no fueron nunca un obstáculo para el desarrollo de estas teorías como ocurrió en Europa con las autoridades eclesiásticas católicas.

5. Revolución Científica: Copérnico, Tycho, Kepler y Galileo

En el siglo XVI comenzó a madurar el intelecto en Europa. El conocimiento comenzó a "sopesarse" racionalmente. La aceptación de verdades heredadas, o "contadas", o creencias y temores impuestos, etc., poco a poco fue cuestionada por los científicos de aquellos años; había comenzado la edad adulta del intelecto. La Física, que en ese entonces aún tenía mucho de las enseñanzas de la Academia griega, fue puesta a prueba por varios de los iniciadores del período llamado la Revolución Científica y consecuentemente nuevas ideas, basadas en métodos de la ciencia comenzaron a imponerse. Hay quienes consideran que la Revolución Científica no fue tal, sino una continuidad de las ideas que ya asomaban en la Edad Media. Otros en cambio, la ubican en los siglos XVI y XVII y dan su comienzo el año en que Nicolás Copérnico (1473-1543) publica su sistema helio-céntrico del Universo, en 1543. En ese período la autoridad intelectual de la Iglesia, la superstición y otras creencias fueron de a poco reemplazadas por el conocimiento y la razón. Sin embargo algunos prominentes científicos de la época no abandonaron sus creencias religiosas y es por esta razón que resulta erróneo entonces afirmar que la Revolución Científica se oponía a la religión.

En aquellos años el conocimiento no se propagaba a la velocidad que lo hace hoy, es por eso que hasta comienzos del siglo XVII, casi cien años después de la muerte de Copérnico, el modelo de organización del Universo aceptado seguía siendo el ptolemaico. Pero el modelo geocéntrico de Ptolomeo no podía resistir los resultados de las observaciones astronómicas, esta vez evaluadas con actitud científica y sin recurrir a imaginar mecanismos astronómicos inexistentes, como fue la idea de los epiciclos.

a. Copérnico. El heliocentrismo

Pero en aquellos años hubo un cambio importante en la concepción del Universo: había nacido en Torun, Polonia, Nicolás Copérnico, un sacerdote polaco que a lo largo de su vida tuvo numerosas actividades intelectuales, entre ellas la Astronomía. Copérnico estudió en la Universidad de Cracovia, famosa por la excelencia de sus estudios en Matemáticas, Filosofía y Astronomía. También estudió leyes canónicas en la Universidad de Ferrara, medicina en la de Padua y artes liberales en la de Bologna. Él descreyó del Universo ptolemaico y hacia el final de su larga vida, elaboró uno de carácter heliocéntrico y heliostático. Según este modelo, el Sol está en el centro del Universo y quieto, en tanto que el resto de los astros gira a su alrededor. En su libro "*De revolutionibus orbium coelestium*", (Sobre las revoluciones de las esferas celestes), publicado en el año de su muerte en 1543, hace la descripción de su modelo, estableciendo así uno de los grandes pilares científicos construidos por el hombre.

La Historia dice que se imprimieron inicialmente unos pocos cientos de ejemplares y que Copérnico vio los primeros el día de su muerte. Esta obra le acarreó severas críticas de la Iglesia e incluso de Lutero. Es por eso que aunque discutió abiertamente sus ideas, no las publicó sino hasta el año de su muerte. Es curiosa la crítica que hace Lutero del sistema copernicano, cuando menciona que la Biblia dice que José ordenó detenerse al Sol y no a la Tierra, lo que probaría según Lutero que es el Sol el que gira alrededor de la Tierra, en tanto que ésta está quieta.

Copérnico se limitó a describir los movimientos de los astros sin establecer las causas físicas que motivan la manera en que se mueven, por lo tanto no dejó una explicación que relacione su modelo con la gravedad. Las teorías de Copérnico fueron consideradas erróneas en aquellos años y contrarias a la doctrina de la Iglesia y por lo tanto, a pesar de que el modelo copernicano es correcto, el modelo ptolemaico siguió vigente para el mundo Occidental.

b. Tycho Brahe. Las Tablas Rudolfianas

Tres años después de morir Copérnico nació Tycho (Tichonis en latín) Brahe (1546-1601) en la actual Dinamarca, quien fue un hombre rico y un verdadero precursor de la aplicación de los métodos científicos a la Astronomía. Tycho tenía un rasgo distintivo en su rostro; había perdido su nariz en un duelo y la había reemplazado por una metálica. Según cuenta la Historia el duelo fue con un contrincante que decía ser mejor matemático que Tycho. Éste aseguraba que su nariz era de oro puro, pero en el siglo XX se exhumó su cuerpo y se analizó el metal, que resultó ser una mezcla de oro con otros metales, formando una aleación de baja calidad. Dicen que esta falta de su nariz le permitió alinear mejor sus ojos para observar el movimiento de los planetas, aunque es muy probable que la habilidad nacida de la falta de su nariz sea solamente una anécdota, sin visos de realidad.

La realidad es que el rey de Dinamarca, Federico II, era un entusiasta de la ciencia que le cedió a Tycho la isla de Hven, amén de una espléndida pensión, con la que aquél construyó el observatorio más importante de su época. En ese lugar, con o sin ayuda de la carencia de su nariz, hizo innumerables observaciones astronómicas "a ojo desnudo". Con ellas construyó una impresionante base de datos sobre los planetas, que fue de gran utilidad para la evolución de la Astronomía. Eran especialmente importantes las observaciones que registró sobre el planeta Marte. Años después tuvo una agria disputa con el sucesor de Federico II, el rey Cristian IV, por cuestiones religiosas dicen algunos y otros por la tiranía de Tycho sobre sus siervos, a quienes mantenía encadenados con su familia cuando no le obedecían como él esperaba. Sea cual sea la verdad, la cuestión es que Cristian IV le redujo la pensión a Tycho y así lo obligó a abandonar la isla de Hven. Se fue a Praga, donde fue nombrado Matemático Imperial del Emperador Rodolfo II (1576-1612) del Sacro Imperio Romano Germánico; toda una distinguida posición sin duda alguna para el astrónomo danés. Rodolfo II, nacido en Viena, pertenecía a la casa de los Habsburgo y fue un activo impulsor de la Revolución Científica, pero desde un punto de vista político, su reinado fue ineficiente.

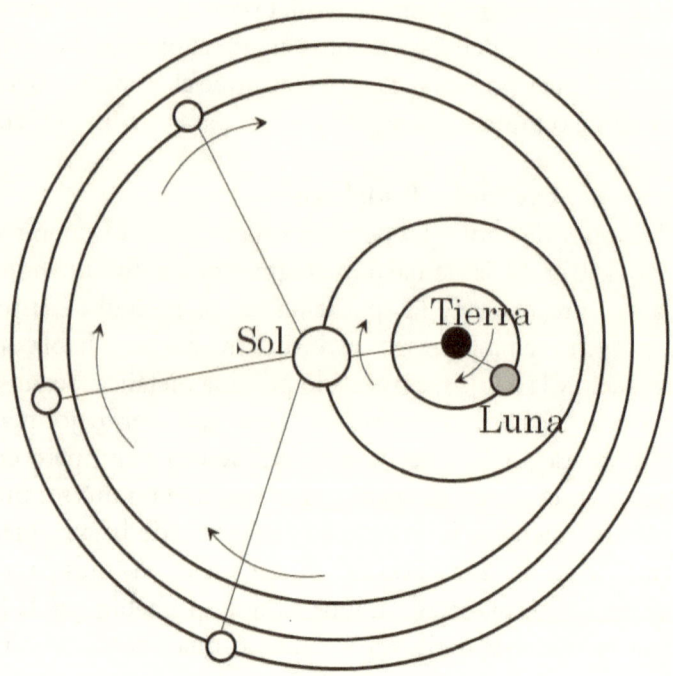

Figura 1.5. Modelo del Universo de Tycho

Las observaciones astronómicas de Tycho quedaron registradas en las llamadas Tablas Rudolfianas, llamadas así en honor a Rodolfo II. Este registro fue un valioso capital intelectual para los científicos que le siguieron, y en especial para Johannes Kepler (1571-1630). Éste se había incorporado al equipo de trabajo en Hven porque Tycho necesitaba una persona con habilidad matemática para procesar las observaciones y calcular las órbitas de los planetas. Si bien la relación entre Tycho y su joven ayudante matemático fueron tormentosas, los años que pasaron juntos fueron provechosos para la Ciencia.

Tycho Brahe había nacido tres años después de la publicación de la obra de Copérnico: "Sobre las revoluciones de las esferas celestes" y por lo tanto no se le escapó la controversia entre el modelo copernicano y el ptolemaico. Su juicio sobre ella fue cuando menos salomónico, si es que en Ciencia es válido hablar de soluciones salomónicas, porque imaginó una configuración planetaria intermedia entre Ptolomeo y Copérnico. Tycho sostenía la idea de un Universo geocéntrico en el que la Tierra estaba en su centro y a su alrededor giraban la Luna y el Sol, al igual que el modelo ptolemaico, pero los demás planetas giraban alrededor del Sol tal como lo afirmaba el modelo copernicano. Véase la Figura 1.5. Lógicamente, este estrafalario Universo no tuvo aceptación y murió con su autor.

c. Kepler. Las órbitas de los planetas

Después de más de veinte años de la muerte de Copérnico nacen, casi contemporáneos; el astrónomo alemán Johannes Kepler (1571-1630) y el científico italiano Galileo Galilei (1564-1642). El primero es oriundo de Leonberg (entonces Sacro Imperio Romano, hoy Alemania) y el segundo de Pisa, en la región Toscana de Italia. Ambos tuvieron un rol de primera línea en la construcción de un modelo de Universo correcto e hicieron las primeras incursiones intelectuales en la gravedad, aunque no llegaron a determinar la naturaleza y leyes de esta último. Esto lo hizo Newton cien años después.

Kepler, un devoto luterano, estudió en Tubingen donde aprendió el sistema copernicano. Lamentablemente su vida estuvo rodeada de infortunios personales, entre ellos la ausencia de su padre, la muerte de su primera esposa y de su hijo de siete años de edad y hasta se vio obligado a defender a su madre de una denuncia de brujería, lo que en aquellos años tenía horribles consecuencias. Pese a esto pudo desarrollar una importante obra científica. Descubrió la ley del cuadrado inverso de las distancias en óptica y por primera vez en la Historia describió correctamente el mecanismo de la visión de los ojos. También explicó el funcionamiento del telescopio ideado por Galileo y le introdujo un perfeccionamiento técnico.

Kepler tenía el convencimiento que la creación obedecía a una ley de harmonía debida a Dios. Creía que esa harmonía demostraba la perfección de la obra divina. Más aún, sostenía que los planetas emiten música en su andar por el cielo. Corroborando su idea de la harmonía universal, concibió, a lo largo de dos décadas, un modelo muy curioso para explicar las distancias entre los seis planetas conocidos entonces: Saturno, Júpiter, Marte, Tierra, Venus y Mercurio. Su idea se basaba en que si asignamos una esfera a cada órbita, las distancias entre esferas se puede explicar inscribiendo entre ellas, sucesivamente a partir de Saturno, los cinco sólidos perfectos de Euclides: cubo, tetraedro, dodecaedro, icosaedro y octaedro. Por casualidad del destino, este Universo imaginado por Kepler arroja un error máximo en las distancias planetarias del modelo de Copérnico, del orden del 10%. Una curiosa artimaña del destino pero sin base científica alguna.

Las leyes de Kepler sobre el movimiento de los planetas fueron publicadas entre 1609 y 1619 y extraídas de sus estudios, largos y laboriosos sin duda alguna, de las observaciones de Marte hechas por Tycho Brahe. Luego Kepler extrapoló esas leyes para los demás planetas. Aunque aquéllas son solamente descripciones cinemáticas de los movimientos planetarios, tienen el mérito de ser exactas y el de constituir la primera cinemática celeste del hombre. A diferencia de Copérnico, Kepler ubicó al Sol, con todo acierto, en el foco de las elipses de los planetas y no en el centro de sus trayectorias. Poco dijo sobre la gravedad, salvo que los movimientos planetarios definidos por sus leyes posiblemente fueran debidos a una fuerza, cuya naturaleza no especificó y que provenía del Sol. Fue el primer atisbo de la humanidad a la ley de la gravedad.

Las leyes del movimiento de los planetas de Kepler hacen una perfecta descripción geométrica de las órbitas planetarias y fueron corroboradas por la teoría de Newton sobre la fuerza de gravedad. Es interesante saber que el planteo matemático que hizo Kepler, es válido para cualquier caso en que haya fuerzas centrales que sean inversamente proporcionales al cuadrado de las distancias, como son las electromagnéticas dentro del átomo o como la fuerza de gravedad.

d. Galileo. Nace la relatividad

Los estudios iniciales de Galileo Galilei en la Universidad de Pisa fueron de Medicina, pero pronto abandonó a ésta por la Filosofía y las Matemáticas. Finalmente también abandonó la Universidad a los veintiún años de edad y nunca llegó a tener título universitario alguno. Evidentemente que su voluntad para los estudios formales era débil o no vio en ellos lo que anhelaba. Nunca sabremos si esto fue bueno o malo para su obra científica posterior, que fue abundante y valiosa.

En aquellos años no existían aún ideas claras sobre la Física. Los movimientos de los cuerpos y las acciones de las fuerzas eran interpretadas según las ideas de Aristóteles, las que ya tenían veintiún siglos de existencia y sin actualización alguna. Pero en el siglo XVI Galileo Galilei (1564-1642) deja de lado las ideas heredadas de la antigua Grecia e inicia el tratamiento científico de las dos ramas básicas de la Mecánica; la Cinemática, que estudia los movimientos y la Dinámica que trata de las fuerzas y sus consecuencias. Podemos decir entonces que la Mecánica fue concebida como ciencia a fines del Renacimiento italiano, pero realmente fue dada a la luz por Isaac Newton en 1687 en Inglaterra. Desde esta fecha hasta el "annus mirabilis" (1905), transcurrieron 218 años.

Una parte significativa de los estudios de Galileo fueron los experimentos gravitatorios que llevó a cabo; los primeros en la historia del hombre. Él estudió la caída de los cuerpos y llegó a la correcta conclusión de que todos lo hacen con la misma aceleración y velocidad, independientemente de su peso y naturaleza física. Estas mediciones de aceleración de la gravedad de Galileo, son las primeras que se conocen sobre la intensidad del campo gravitatorio de la Tierra. Sin embargo, Galileo no estableció las causas físicas del fenómeno. Es decir que midió la gravedad pero no se percató de su naturaleza. Con los resultados obtenidos demostró que Aristóteles estaba equivocado con respecto a que los cuerpos caen con una velocidad que depende de su masa, porque demostró que ésta no participa para nada en la velocidad de caída. Galileo llegó a esta importante propiedad de la gravedad cuando observó que todos los cuerpos caen con una aceleración constante e igual a 9.8 m/segundo^2 y que por lo tanto la velocidad de caída depende de la altura que ya recorrieron y no de su masa.

Al publicar el valor de la aceleración, Galileo hizo conocer, por primera vez, la intensidad del campo gravitatorio de la Tierra. Aunque rudimentaria, ésta fue una primera aproximación a la Relatividad General de la que se tenga noticias, ya que anticipa lo que Einstein llamó el Principio de Equivalencia y del cual nos ocuparemos más adelante.

Galileo también incursionó en la Astronomía y con mucho éxito gracias a que construyó un telescopio, lo que constituyó una novedad sensacional para aquellos tiempos. Lo apuntó a la Vía Láctea y vio que ésta está formada por millones de estrellas, que el Sol tiene manchas (aunque algunos dudan que Galileo haya descubierto esto), que los planetas no son esféricos perfectos como creía Aristóteles, que hay cráteres en la Luna, que Júpiter tiene varias lunas, etc. Como resultado de sus observaciones astronómicas, Galileo se convenció que la teoría heliocéntrica de Copérnico era correcta.

Lo que Galileo no percibió, y si lo hizo no le importó, es que su confirmación de que la Tierra gira alrededor del Sol era cuando menos, temeraria. En 1590 le escribió a Kepler y le manifestó su adhesión a las ideas de Copérnico. Esa carta fue el comienzo de sus desventuras personales. Conocida la posición de Galileo respecto al funcionamiento del Cosmos, recibió las primeras advertencias de la Inquisición, en 1616. No obstante estas amenazas, en 1632 Galileo publicó un libro que le acarreó la enemistad del poder eclesiástico y muy a su pesar, puesto que se consideraba un fiel hijo de la Iglesia. Su cuestionada obra, titulada: "Diálogo sobre los dos máximos sistemas del mundo: ptolemaico y copernicano", imaginaba personajes que debatían las ideas de Copérnico y Tolomeo, sin asignar razón en firme a la postura del primero. A pesar de esto, las autoridades religiosas consideraron agotada su paciencia y Galileo fue detenido, juzgado y hallado culpable de herejía por la Inquisición. Lo condenaron a estar encerrado de por vida en su casa y a no publicar nunca más. Fue un alivio, ya que esta condena era leve en comparación los castigos que propinaba la Santa Inquisición a los acusados de herejía. Pero el conocimiento no tiene fronteras, tiene sociedades que lo aceptan con mayor o menor grado, o que lo intentan prohibir o estimular. En el caso de Galileo fue al menos irónico para la Inquisición, que el famoso "Diálogo sobre los dos máximos sistemas del mundo: ptolemaico y copernicano" de Galileo fuera sacado clandestinamente de Italia en 1638 y publicado con gran éxito en Inglaterra. La publicación de esta obra fue prohibida por el Papa Urbano VIII. Pero seamos justos. En la última década del siglo XX, unos trescientos sesenta años después de ser condenado Galileo, la Iglesia revisó su fallo de entonces y lo rectificó porque consideró que había cometido un error. No hay nada más noble que arrepentirse a tiempo de los errores del pasado. Lástima que Galileo no se enteró.

Pero hubo en la ciencia de Galileo algo tan importante como sus trabajos astronómicos y su medición de la aceleración de la gravedad: descubrió la relatividad en la Física, aunque sin las increíbles conclusiones sobre el espacio, el tiempo y la energía que dice la Relatividad Especial. Galileo no tuvo ni noticias de ésta, pero estableció el Principio de la Relatividad en Mecánica, aquél que Einstein adoptó como uno de los dos postulados básicos de la Relatividad Especial, y que posteriormente amplió en la Relatividad General. Galileo publicó el Principio de Relatividad en 1632, en el libro "Diálogo Sobre Dos Importantes Sistemas Del Mundo: Ptolemaico y Copernicano".

¿Qué es el Principio de Relatividad? Veamos ahora el que descubrió Galileo y más adelante veremos la forma más sofisticada descubierta por Einstein. Este principio dice que los fenómenos suceden siempre de la misma forma, sin importar si el lugar donde ocurren está en reposo o en movimiento uniforme. Un ejemplo sencillo del Principio de Relatividad es la caída de un cuerpo: si se nos cae una lapicera en nuestra casa, lo hace en línea recta y perpendicular al piso. Si la lapicera se nos cae dentro de un avión en pleno vuelo a velocidad uniforme, lo hace de igual manera: en línea recta y perpendicular al piso del avión. La velocidad del avión no influye para nada en la forma de la caída de nuestra lapicera. Lo que dice el Principio de Relatividad parece obvio, pero era necesario descubrirlo y darle una forma matemática, para que sea útil en la interpretación de fenómenos físicos más complejos que el de la caída de una lapicera.

Galileo escribía sus ideas con un estilo literario muy florido pero muy simple. Creía que los conceptos de la ciencia debían ser entendidos por todos y admitamos que hoy, en el siglo XXI, esta creencia de Galileo es todavía totalmente válida y seguramente lo será también en los siglos venideros. Fiel a su convicción, Galileo explicó con sencillez el Principio de Relatividad. Su escrito comienza pidiendo al lector que imagine que está viendo una serie de hechos cotidianos dentro de un camarote de un barco amarrado al muelle. Describió el movimiento de peces dentro de una pecera, el vuelo de mariposas, agua que cae en gotas, humo de incienso, etc. Después de esto, pide al lector que imagine como sucederían esos mismos fenómenos si el barco se moviera a velocidad uniforme respecto del muelle. Como todos sabemos, los hechos se verían iguales. Y si el camarote está cerrado, sin ojos de buey hacia afuera y el mar está sereno, no nos daremos cuenta que el barco se mueve y ningún experimento que hagamos o los peces nadando en la pecera, o las mariposas volando, o el humo ascendiendo, nos permitirán detectar el movimiento del barco.

Además de esta descripción poética, Galileo completó el Principio de Relatividad con el grupo de fórmulas que permiten calcular en la "plataforma de observación" donde nos encontramos ("sistema de referencia" en la jerga matemática) las observaciones que se hacen en otra plataforma que se mueve a velocidad uniforme respecto de la primera. Este grupo de fórmulas, conocidas hoy como "transformación de Galileo", sirve para llevar valores medidos o calculados desde un sistema (plataforma) a otro. Veamos un ejemplo sencillo; estamos parados en un camino, nuestra primera plataforma, por donde vemos pasar un automóvil a una velocidad de 40 Km/hora; el fenómeno observado. Nos preguntamos ahora a qué velocidad se mueve este automóvil visto desde otro que viaja a 40 Km/hora en la misma dirección que el automóvil anterior. Y aquí viene la importancia de la transformación de Galileo, porque su aplicación hace innecesario que nos subamos al segundo automóvil para saber qué velocidad tiene el primero desde este último. Simplemente aplicamos las fórmulas de Galileo y sabremos que la velocidad relativa entre ambos es cero, por lo tanto el primer automóvil no se aleja del segundo. El resultado era más que evidente, pero este es un caso simple. Hay muchos otros de mayor complejidad donde la transformación de Galileo permite usar "lápiz y papel" en vez de hacer costosos experimentos. El ejemplo simple que hemos dado también nos permite decir que la transformación de Galileo es la expresión matemática del sentido común, aplicada al movimiento relativo de objetos cualesquiera, que se mueven a velocidad uniforme entre sí.

La importancia de este grupo de fórmulas de la transformación de Galileo no es menor, ya que aplicado a las fórmulas de las leyes físicas, hace que éstas mantengan su misma forma matemática en cualquier sistema que se la aplique. Esta propiedad de la Naturaleza, basada en el Principio de Relatividad, es de gran importancia para la Física porque evita que ésta necesite de fórmulas diferentes cada vez que estudia fenómenos en otros sistemas. El lector se preguntará ¿qué importancia tiene semejante artilugio matemático? En realidad no es un simple artilugio, porque de éste se deriva que la ecuación que explica el comportamiento de un fenómeno, debe tener la misma forma en cualquier sistema de referencia, de lo contrario hay algún error en ella. Esto implica también que no hay sistemas preferentes: todos hacen observaciones equivalentes. Pero "observaciones equivalentes" no quiere decir "iguales". ¿Por qué? Porque el hecho de estar en movimiento puede cambiar los valores observados.

El mérito de Galileo consistió en haber sido el primer hombre que se dio cuenta de la relatividad de los movimientos y además de haber sabido escribirla en lenguaje matemático. Lamentablemente, en el siglo XX se le dio a las teorías de Einstein el desafortunado nombre de Teoría de la Relatividad, lo que ha oscurecido el logro de Galileo de haber sido el primer relativista de la historia del hombre.

6. Los "ladrillos" de la Mecánica Clásica

El último punto ha expuesto las ideas de Galileo. Ellas aún no explican la gravedad como una fuerza, aunque es verdad que "algo" presienten y por eso Galileo mide la aceleración de la gravedad o intensidad de campo gravitatorio. Pero para seguir con la historia, de la cual el próximo paso es Newton, vamos a necesitar refrescar algunos conocimientos de la Física que aquél fundara. En este punto vamos a recordar lo más importante; las leyes de Newton y los posteriores refinamientos que se hicieron hasta el siglo XIX. En resumen veremos sucintamente los "ladrillos" de la Mecánica Clásica para entender mejor la historia de la gravedad.

La gravedad es un fenómeno que no escapa del cumplimiento de las leyes de la Mecánica de Newton o Mecánica Clásica. Los conocimientos elementales de Mecánica que necesitaremos recordar para poder entender la gravitación, son las tres leyes del movimiento de Newton y los principios de conservación de la energía y del momento cinético. Podríamos agregar la conveniencia de conocer también las bases de la Mecánica Analítica, debida esta última a Lagrange y Hamilton. Esta ciencia, que llega a las mismas conclusiones que la Mecánica Newtoniana, se basa filosóficamente en el principio de Hamilton, el que establece que los fenómenos ocurren de manera que la Naturaleza minimiza sus esfuerzos, para que aquéllos se produzcan.

Las leyes mencionadas permiten determinar uno de los aspectos centrales del estudio de la gravedad, que es la determinación de la trayectoria que siguen los cuerpos dentro de un campo gravitatorio. Lógicamente, el estudio debe hacerse con absoluta prescindencia de otras influencias sobre ellos que no sean las de la gravedad, para que los resultados muestren solamente las acciones de ésta. Es por eso que las llamadas "trayectorias gravitatorias" se refieren a cuerpos absolutamente libres, sometidos solamente a las fuerzas de la gravedad.

a. Las cuatro fuerzas

Aclaremos la idea de fuerza de gravedad; es bien sabido que existen cuatro fuerzas naturales que controlan las acciones entre partículas subatómicas e incluso entre cuerpos: la fuerza fuerte, la fuerza débil, la fuerza electromagnética y la de la gravedad. La primera mantiene unidas las partículas que conforman el núcleo de los átomos. La segunda es la que trata de retener otras partículas que suelen escapar de la materia bajo la forma de radiaciones. La tercera es bien conocida tecnológicamente y gracias a ella tenemos sistemas de iluminación, aire acondicionado, ascensores, etc. Y finalmente la cuarta, es una fuerza de acción de masas que solamente produce atracción entre ellas. No existen fuerzas gravitatorias de repulsión. De todas estas cuatro fuerzas, la gravedad es decididamente la más débil. ¿Cuánto más? Veamos solamente su relación con la fuerza electromagnética. Si medimos la fuerza electrostática de un electrón sobre otro, dos partículas miserablemente pequeñas y la comparamos con la fuerza de atracción gravitatoria que hay entre ellos, encontraremos que esta última es 2,400 millones de trillones de trillones de trillones de veces (2.4×10^{-43}) más pequeña que su fuerza electrostática. ¿Y ésta es la energía que mantiene en movimiento armónico las gigantescas galaxias? No parece creíble, sin embargo es verdad. ¿No hemos entrado entonces en un terreno fantasioso? La gravedad no es simplemente una cuestión de caída vertical, sino que allá, en el inmenso espacio vacío del Cosmos, los astros siguen trayectorias debidas a la gravedad, que se diferencian en mucho de la caída vertical recta a la que estamos acostumbrados en la vida diaria.

Además de esa simple trayectoria, la Mecánica Clásica establece que los astros movidos por la gravedad siguen trayectorias equivalentes a tres de las curvas cónicas; elipses, parábolas e hipérbolas.

b. El movimiento de los planetas. Kepler
Las órbitas elípticas fueron descubiertas por Kepler, cuyas tres leyes se muestran gráficamente en la Figura 1.6 y pueden resumirse como sigue:

a) Los planetas siguen una trayectoria con forma de elipse. Aunque en el Sistema Solar las órbitas planetarias parecen circulares a simple vista.

b) Un eje cualquiera de la órbita "barre" áreas iguales en tiempos iguales.

c) El tiempo que tarda un planeta en girar alrededor del Sol depende de su máxima distancia al Sol. Ese tiempo, llamado "período orbital", en la Tierra es igual a un año. La fórmula derivada de esta ley dice que cuanto más lejano esté un planeta del Sol, más tiempo tardará en girar alrededor de éste. Es por eso que los planetas extremos como Neptuno y Urano son mucho más lentos que la Tierra. Urano por ejemplo tarda 165 años en girar alrededor del Sol.

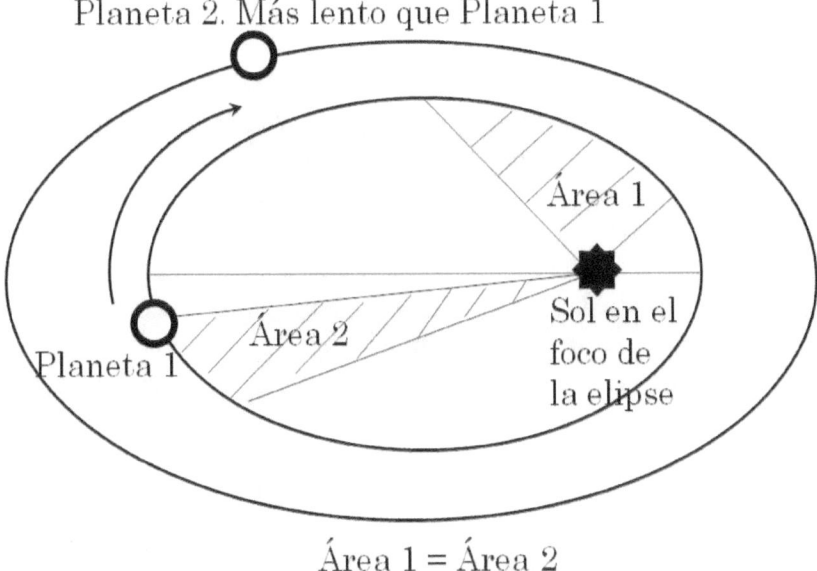

Figura 1.6. Gráfica de las leyes de Kepler

Años después, Newton demostró que no solamente la distancia al Sol influye sobre el período orbital de los planetas. Su teoría gravitatoria demuestra que aquél depende también de la masa del Sol, de manera que cuanto menor sea ésta, mayor es el período orbital de los planetas que giran a su alrededor. Así las cosas, si por algún fenómeno, digno de la ciencia ficción, el Sol cuadruplicara su masa por ejemplo, nuestro año solar pasaría a ser igual a tres meses y la edad del lector sería cuatro veces mayor que la actual. Imagínese Ud. mismo con una edad aumentada en más de 100 o 200 años de edad. Pero no se preocupe; todo es relativo. Igual Ud. seguiría luciendo tan joven como lo hace ahora.

Pero las trayectorias establecidas por Kepler se refieren a la sencilla configuración de una masa creadora del campo gravitatorio y de otra, cuyo campo gravitatorio es insignificante, que se mueve por la fuerza de atracción de la primera. Cuando el campo gravitatorio está creado por más de una masa e incluso cuando la masa cuya trayectoria busca determinarse crea un campo gravitatorio significativo, la solución ya no es una simple curva cónica.

c. Campos irregulares y partículas

Pero además de la cantidad de masas creadoras del campo gravitatorio, el movimiento de un astro está también influido por la forma de aquéllas. Si éstas son irregulares el campo gravitatorio que cada una crea no puede ser uniforme en todas las direcciones del espacio, puesto que la distribución de sus masas tampoco lo es. Nada nos impide pensar que los cuerpos irregulares son equivalentes a una esfera con protuberancias que forman las irregularidades. La esfera crea un campo uniforme de fuerzas centrales de gravedad, al cual se le superponen las fuerzas creadas por sus protuberancias irregulares. El resultado será sin duda un campo de fuerzas irregular. Lo mismo sucede con las irregularidades del cuerpo que se encuentra atraído. Y dado que existen infinitas formas geométricas irregulares, existen también infinitas distribuciones del campo gravitatorio, lo cual nos induce a pensar que no podemos desarrollar una teoría que sea válida para cualquier forma geométrica de sus masas. No obstante es posible simplificar el estudio de los campos gravitatorios recurriendo al concepto de partícula. Éste es un ente material imaginario que tiene masa, forma esférica perfecta y radio infinitesimal. Los campos creados por partículas son entonces uniformes.

Las trayectorias de las partículas que se encuentran libres dentro de campos gravitatorios uniformes pueden entonces determinarse sin tener en cuenta efectos secundarios debido a su forma geométrica o a interferencias con otras partículas. Se trata de una abstracción cómoda para la deducción y aplicación de las leyes del movimiento, que luego permite su generalización hacia los cuerpos con volumen.

d. El movimiento de las masas. Newton

Las leyes del movimiento de Newton son muy sencillas y las podemos resumir de la siguiente manera. Véase Figuras 1.7 y 1.8 que interpretan gráficamente estas leyes.

   a) Primera ley de Newton o ley de inercia: Si no actúan fuerzas sobre una partícula, ésta está en reposo o se mueve a velocidad uniforme. Como consecuencia, si una fuerza se aplica a un cuerpo éste acelera en el sentido de la fuerza. Esta ley no tiene una expresión matemática porque se refiere a la propiedad de los cuerpos llamada inercia.

   b) Segunda ley de Newton o ley de conservación del momento: la "cantidad de movimiento" o "momento" de una partícula es el producto de su masa por su velocidad. Cuanto mayor sea este momento, mayor será la tendencia de la partícula para mantener su velocidad constante (gracias a su inercia) o quedarse en reposo y también de la violencia con que choca si se encuentra con un obstáculo.

c) Tercera ley de Newton o principio de acción y reacción: Cuando sobre una partícula actúan diversas fuerzas, ésta reacciona oponiéndose con igual intensidad a todas ellas.

Antes de seguir con la explicación de las leyes de Newton es interesante mencionar que el término inercia proviene del latín. Es un vocablo formado por dos palabras: "in ars", las que conjuntamente significan "sin habilidad" o "sin arte". El término lo usó Newton para nombrar la capacidad de la materia de oponerse a la variación de su estado de reposo o de velocidad uniforme. Newton asoció esta propiedad física con una persona sin capacidades u holgazana, que difícilmente modifica su actitud de "vagancia". Él mismo también hizo referencia a la vis inertia o "fuerza de la inactividad".

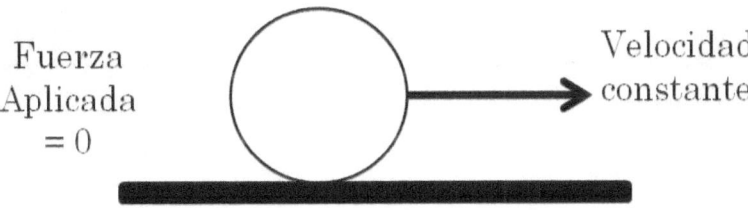

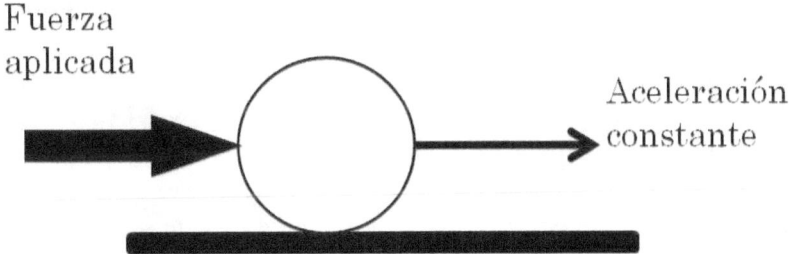

Figura 1.7. Primera y segunda ley de Newton

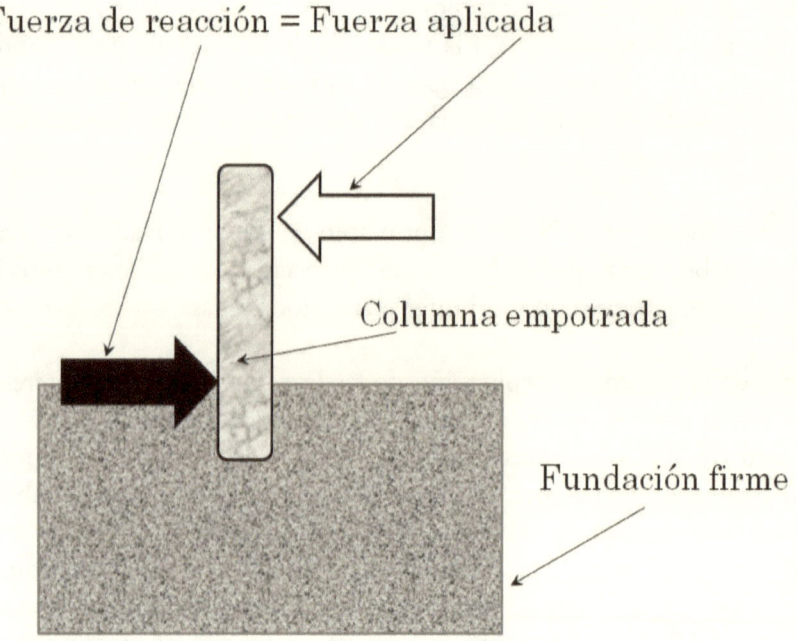

Figura 1.8. Tercera ley de Newton

Para conocer el movimiento de una partícula hay que determinar una o más fórmulas que describan su trayectoria respecto de un sistema de coordenadas espaciales, asociando además cada posición de la partícula en el espacio, con un instante de tiempo. En términos simples: necesitamos saber los puntos del trayecto de la partícula y a qué hora pasa ella por cada punto. La idea es así de simple y la Mecánica Clásica ayuda sensiblemente a determinar tales fórmulas, gracias a que sus bases filosóficas establecen que el tiempo y el espacio son entes de naturaleza diferente e independiente el uno del otro. Esta independencia simplifica notoriamente las matemáticas aplicables, lo cual no sucede en la Física Relativista.

Aunque estos conceptos hoy parecen triviales, su descubrimiento revolucionó el pensamiento científico. Con ellos, Newton había colocado los "ladrillos de la Mecánica", ya que por primera vez se daban causas para explicar las diferentes formas del movimiento que se observaban en los cuerpos y esas causas obedecían a principios con validez universal. El logro obtenido por Newton no fue menor en la Física y en la historia del pensamiento humano.

e. La economía de la Naturaleza. Lagrange y Hamilton

Las fórmulas que describen las trayectorias de las partículas se obtienen resolviendo unas ecuaciones diferenciales llamadas "ecuaciones del movimiento". Para quienes no tengan un conocimiento matemático superior al recibido en la escuela secundaria, es bueno aclarar que las ecuaciones diferenciales son unas expresiones matemáticas que manejan valores infinitamente pequeños de las propiedades físicas. Esta "pequeñez", descubierta por Newton y Leibniz, permite la aplicación de procedimientos especiales de solución muy potentes, que pertenecen a la disciplina matemática llamada Cálculo Diferencial e Integral.

Las ecuaciones del movimiento se deducen a partir de las leyes del movimiento de Newton que vimos antes, o bien del principio de Hamilton y de las ecuaciones consecuentes de la Mecánica Analítica de Lagrange. La aplicación de una u otra de las leyes mencionadas, depende de la naturaleza del problema a resolver.

Durante el siglo XVIII y el XIX, toda la teoría de Newton fue completada por muchos físicos y matemáticos de renombre. Sin pretender quitarle valor al resto, vamos a referirnos a Lagrange y a Hamilton, quienes contribuyeron significativamente al entendimiento de la Mecánica de Newton, pero sobre bases completamente diferentes a las que éste usó. Lagrange no recurrió al concepto de fuerza, que es una acción externa al cuerpo en estudio, sino a atributos propios de éste, como son su energía cinética y potencial. Y así desarrolló, lo que él mismo denominó, la Mecánica Analítica. Hamilton en cambio, usó una antigua idea de la Física y la transformó en un principio de la Mecánica. Este principio sostiene que las acciones de la Naturaleza tienden a ser mínimas para realizar un determinado fenómeno. Es como si aquélla tomara siempre por el "camino más fácil", de todos los posibles, para producir un cierto fenómeno. Curiosamente, el resultado de la aplicación de este principio, llamado ahora el principio de Hamilton es la Mecánica Analítica que ya había desarrollado Lagrange años atrás. En cualquier caso, la Mecánica Analítica no fue una Mecánica diferente a la de Newton, pero sí más simple en numerosos casos y sin lugar a dudas de una elegancia superior.

Lagrange aplicó el principio de Hamilton, aunque sin saber explícitamente de él, a la diferencia entre energía cinética y energía potencial de una partícula. El resultado fue que obtuvo un grupo de ecuaciones, hoy conocidas como las "ecuaciones de Euler-Lagrange", que permiten deducir las ecuaciones diferenciales del movimiento. Resolviendo estas últimas se obtienen las ecuaciones de la trayectoria correspondiente.

Vemos aquí una ironía del destino, que hizo que el fundamento conceptual de la Mecánica Analítica de Lagrange fuera el principio de Hamilton, el que fue enunciado con posterioridad al fallecimiento de Lagrange.

7. La fundación científica de la gravedad: Newton

Comencemos ahora a "desgranar" lo que vimos sucintamente en el punto anterior. Comenzaremos nuestra excursión a partir de Isaac Newton, el fundador de la ciencia de la gravedad. Este matemático y físico inglés, fue uno de los inventores del Cálculo Diferencial e Integral, demostró la composición de la luz y la aplicó a la teoría del color, descubrió una ley del enfriamiento de los cuerpos, fue el descubridor de las leyes del movimiento, que llevan su nombre, y de la ley de atracción universal, además de numerosas investigaciones que hizo sobre la Biblia. Es justo aclarar que el invento del Cálculo le fue disputado por el matemático alemán Gottfried Wilhelm von Leibniz (1646-1716), quien con fundadas razones también reclamó la autoría de esa rama de las Matemáticas. Como consecuencia, ambos sabios quedaron enemistados de por vida por esta controversia, pero igual rindamos homenaje a los dos por su genio creador del Cálculo Diferencial e Integral.

La herencia que dejó Newton es muy fuerte porque dio bases científicas a mucho de lo que hemos aprendido cuando niños. Casi sin darnos cuenta, supimos cómo funciona el mundo inmediato a nuestro alrededor, donde todo encaja perfecta y lógicamente: fuerza, espacio y tiempo. Damos un golpe (fuerza de acción) con la mano en la pared y sentimos dolor (fuerza de reacción). Apuramos el paso (aceleración) y llegamos antes a nuestra función de cine (tiempo). Más tarde, ya avanzada nuestra escuela primaria, nos contaron de Isaac Newton, aquel científico del siglo XVII que descubrió las leyes de la Mecánica, una ciencia que nos describe al Universo como un perfecto y gigantesco mecanismo de relojería. Con el correr de los años nuestro conocimiento de la Mecánica de Newton o Mecánica Clásica, se incorporó intuitivamente a nuestra cultura. Aquéllos que optaron por seguir estudios técnicos llegaron a entender más a fondo lo que ya habían captado intuitivamente siendo niños, y lo que habían aprendido, o creído aprender, en la escuela. Esa "hermosa Mecánica", como la llamó Einstein, era tan rica y exacta que dominó el pensamiento humano desde aquellos lejanos días de 1687, en que Newton la publicó bajo el título de "Philosophiae Naturalis Principia Mathematica".

El magnífico edificio de la Mecánica de Newton se asentaba sobre el absolutismo del tiempo y del espacio y sobre el Principio de Relatividad. El absolutismo es la propiedad que hace que un ente físico no pueda ser modificado por ninguna acción exterior y bajo ninguna circunstancia y no estaba explícitamente dicho en la Mecánica. Se sobreentendía, desde siempre, que el transcurrir del tiempo se producía al mismo ritmo en cualquier lugar del Universo y cualquiera fueran las circunstancias bajo las cuales se lo midiera. Una hora de tiempo, medida como intervalo entre dos sucesos, era siempre una hora, cualquiera fuese el sistema desde el cual se observaran ambos fenómenos. También se suponía que el espacio carecía de propiedades que dependieran del sistema desde el cual se lo midiera. Desde cualquier lugar y viajando a cualquier velocidad, si una vara mide 1 metro, también debía medir 1 metro en cualquier otro sistema. Este absolutismo estaba también corroborado por el Principio de Relatividad.

Había algo más implícito en la Mecánica y era que la velocidad a que se propaga la causa de un efecto, podía ser infinita. Esto se manifestaba en particular en la teoría gravitatoria, donde, a pesar de las distancias estelares, se suponía que las fuerzas de gravedad se transmitían entre los cuerpos sin demora alguna.

Pero el absolutismo del tiempo y del espacio lleva a la idea de que un cuerpo cualquiera puede estar en reposo absoluto. Es por eso que la Mecánica Clásica debió asumir que existía un sistema de referencia absoluto. Tal sistema fue imaginado como una sustancia absolutamente quieta que inundaba la totalidad del Universo, a la que se denominó éter. Cualquier cuerpo que estaba quieto respecto del éter estaba en reposo absoluto, lo cual significaba que ningún sistema de referencia lo podía ver en movimiento. Hoy esto parece un disparate y es fácil mirar para atrás y preguntar: ¿Cómo es posible que se creyera en la existencia de una sustancia cuya existencia nunca había sido comprobada y que estaba absolutamente quieta? ¿Cómo podían demostrar su quietud absoluta? Convengamos sin embargo en que es fácil ahora ser jueces severos "adivinando el pasado", pero no es justo. Aunque el éter no existió nunca, su idea ayudó a entender los fenómenos físicos que se mueven a velocidades muy inferiores a la de la luz, y lógicamente también ayudó a ocultar las leyes de los fenómenos que están próximos a la velocidad de la luz.

La idea del éter estaba inicialmente en el dominio de la Filosofía, pero sin atribuirle ninguna propiedad física. Era simplemente el "agua en el que nadaban los astros". Pero en el siglo XVII, René Descartes (1596-1650) lo introdujo en la ciencia atribuyéndole propiedades físicas como las que hemos mencionado. A partir de entonces y hasta comienzos del siglo XX se creyó en su existencia y se le atribuyó la posibilidad de transmitir la luz y acciones de fuerza derivadas de la gravedad, el magnetismo y la electricidad.

Y así era el edificio de la Mecánica a comienzos del siglo XX: el espacio y el tiempo se consideraban absolutos, el Universo estaba sumergido en el éter, el cual estaba en reposo absoluto, se cumplía el Principio de Relatividad, era válida la transformación de Galileo y las acciones podían viajar a velocidad infinita. ¡Vaya escenario! Llevó siglos su construcción y aunque luego demostró tener fisuras, algunas de ellas realmente importantes, su existencia es todo un mérito para los científicos que trabajosamente elaboraron este escenario de la Mecánica.

Este edificio se veía tan perfecto que hasta originó una concepción filosófica para enfocar el estudio de la Naturaleza: el mecanicismo. A mediados del siglo XIX, Hermann Ludwig Ferdinand von Helmholtz (1821-1894) matemático (¿qué ingeniero no recuerda sus elegantes vórtices y tubos de fuerza?) y médico en el ejército prusiano, describió con precisión el sentido de este último: " . . . el problema de las ciencias físicas naturales consiste en referir todos los fenómenos de la naturaleza a invariables fuerzas de atracción y repulsión cuyas intensidades dependan totalmente de las distancias. La posibilidad de resolver este problema constituye la condición de una comprensión completa de la Naturaleza".

A fines del siglo XIX, la concepción mecanicista orientaba la educación haciendo converger todas las demás ciencias hacia ella. Es ilustrativo también el decir de Cornee (Revue Generale de Sciences, 1896, página 898) sobre la enseñanza en la Escuela Politécnica de Francia: " . . . la enseñanza de las otras ciencias debe ser orientada de manera que facilite, ilustre o complete el curso de Mecánica Racional. De este modo, en la elección de las materias que han de introducirse o eliminarse, el criterio decisivo debe ser la consideración de su importancia desde el punto de vista de la Mecánica."

Hoy en día la ciencia de la Mecánica es mucho más compleja que antes del siglo XX, porque la Relatividad Especial le ha introducido sustanciales cambios. Sin embargo, la Mecánica Clásica no ha perdido su vigencia en la vida diaria. Es por esta razón que podemos asegurar, sin temor a equivocarnos, que ningún ingeniero, cualquiera sea su especialidad, puede darse el lujo de desconocer la Mecánica Clásica, porque ésta es la madre de muchas especialidades de la ingeniería. Es decir que la afirmación de Cornee no está desactualizada sino limitada en su aplicación.

Por supuesto que Isaac Newton no nos llevó de un conocimiento cero al elevado nivel que tiene su Mecánica. En absoluto. Ya vimos antes que hombres de la talla de Copérnico, Tycho Brahe, Kepler y Galileo, lo precedieron y sentaron bases firmes para que Newton pudiera cimentar definitivamente la ciencia de la Mecánica. Es decir que a lo largo de los siglos y desde el principio de los tiempos, la humanidad fue de a poco creciendo en el conocimiento de la Mecánica. Claro que hubo errores y también años estériles y oscuros, como los que vivió la Europa religiosa de la Edad Media.

Dentro de la Mecánica Clásica hay un importante espacio dedicado a la ley de gravitación universal. Parece que esta parte fue inspirada por una manzana que cayó sobre la cabeza de Isaac mientras meditaba a la sombra de un manzano. El golpe le hizo pensar en una fuerza y a continuación se preguntó de dónde salía ésta y . . . no, por favor no lo crea, es sólo una anécdota simpática cuya veracidad no está comprobada, pero sirve para aprender cuando uno es niño que es la gravedad. Pero la pregunta sobre el origen de la gravedad, aunque no sea inducida por una manzana, no ha dejado nunca de intrigar a los científicos.

La ley de gravitación universal es simple en su fórmula y compleja en sus consecuencias. Ella dice que las masas se atraen entre sí con una fuerza que es proporcional al producto de sus masas (cuanto más masa, más fuerza) dividido por el cuadrado de la distancia que las separa (cuanto más distancia menos fuerza). La exactitud de esta ley permite predecir los movimientos celestes con gran precisión, excepto en regiones donde las acciones gravitatorias son muy intensas a causa de la magnitud de las densidades y tamaño de las masas en juego. En estos casos la ley de Newton que acabamos de explicar, deja de tener precisión y es necesario recurrir a la Relatividad General.

Newton tuvo una infancia infeliz a raíz de una infortunada estructura familiar provocada por su padrastro, y el consecuente alejamiento de su madre y también de su abuelo. Dicen que estos sufrimientos fueron el origen de su temperamento irascible y desconfiado. No obstante su vocación y extraordinaria capacidad para hacer ciencia no parecen haber sufrido mella por su infeliz infancia y juventud.

Entre 1669 y 1687 Newton tuvo la cátedra Lucasiana de Cambridge y fue éste su período de genial creación científica. Pero no fue un científico para siempre ya que se retiró de esta actividad en 1693, a los 47 años de edad. No obstante siguió unido a la actividad universitaria de Cambridge y fue un destacado líder universitario en los debates políticos de la época. Fue presidente de la Sociedad Real hasta su muerte y recibió en 1705 el primer título de caballero otorgado a un científico. Todo un honor considerando que su origen había sido humilde. En aquellos años se convirtió en una figura pública importante y ocupó altos cargos en la Casa Real de la Moneda y más tarde fue miembro del Parlamento. Dicen que su mayor participación como legislador fue la de pedir que se cerrara la ventana de la sala de discusiones porque entraba frío.

No importa. Su obra había culminado exitosamente en 1687, cuando aún le quedaban casi treinta años de vida. Dedicó estos últimos a discutir agriamente con Leibniz por la autoría del Cálculo Diferencial e Integral y a vivir como un personaje importante de la época, sin mostrar el menor interés por la Física y las Matemáticas. En cambio dedicó esfuerzos a la alquimia y a la religión, sobre la cual escribió abundantemente. Era un fervoroso creyente en Dios pero negaba la Trinidad. Sus estudios sobre los escritos bíblicos bien lo pueden calificar de hereje, lo cual está reforzado porque en su lecho de muerte rechazó la administración de los sacramentos.

Su cuerpo reposa hoy en la abadía de Westminter en Londres, pero su intelecto sigue vivo, porque su obra es una piedra fundamental de nuestro pensamiento científico. Le debemos mucho.

8. El refinamiento científico

La sencillez del esquema newtoniano reside en que maneja entes físicos "palpables", al menos para los instrumentos de medición: el espacio, el tiempo, la fuerza y la masa. Sin embargo, las leyes de Newton tienen tres inconvenientes: a) no permiten tener en cuenta, de manera simple, las ligaduras que estén restringiendo el movimiento de un cuerpo en ciertas direcciones, b) las ecuaciones están en coordenadas cartesianas y en muchas aplicaciones suele convenir, para simplificar las expresiones matemáticas, usar otro tipo de coordenadas (esféricas o cilíndricas por ejemplo o a definir en cada caso), y c) las ecuaciones a plantear son tres para cada partícula (una por cada coordenada cartesiana), lo cual genera, para sistemas que tienen un gran número de partículas, una cantidad de ecuaciones de casi imposible manejo para encontrar las trayectorias de cada una. Los inconvenientes mencionados de la Mecánica de Newton llevaron a la necesidad de plantear las ecuaciones de las trayectorias (y en general de cualquier otro problema físico) en coordenadas más cómodas que las cartesianas. La idea era que se tuviera en cuenta solamente los "movimientos posibles o virtuales" y que se desecharan otras proposiciones incompatibles con las ligaduras de los cuerpos y las acciones externas a los que estén sometidos. Veamos quiénes y cómo hicieron que la Mecánica de Newton creciera asombrosamente como ciencia teórica, y también en sus aplicaciones prácticas.

a. Euler. Una tormenta matemática

Leonhard Euler nació el 15 de Abril de 1707 en Basilea, Suiza. Fue hijo de un pastor protestante y vivió apenas veinte años en su propio país. El resto de sus 55 años de vida los pasó en Berlín y San Petersburgo. Su padre fue amigo de Johan Bernoulli y con él había vivido en la casa de Jacob Bernoulli, cuando ambos eran estudiantes en Basilea. Esta relación tuvo influencia posteriormente para que el padre de Leonard Euler lo autorizara a estudiar matemáticas después que terminara estudios de Filosofía.

La inteligencia de Euler era asombrosa. A los 19 años de edad había leído los más importantes científicos de la época y publicado un artículo sobre trayectorias y otro sobre ingeniería naval. A partir de ese entonces su labor fue incesante. Sus años en Alemania no tuvieron interrupciones, pero sus años en Rusia tuvieron como intervalo el cuarto de siglo que pasó en Berlín. Murió en 1783 en San Petersburgo, ciego y con su mente lúcida trabajando en investigaciones matemáticas, ayudado por uno de sus hijos que era físico y otro que era militar. Sin duda alguna el más prolífico escritor que haya conocido la Ciencia en ese siglo XVIII y según algunos, ha sido también el más prolífico escritor sobre matemáticas de todos los tiempos. Bien podemos decir que fue el "Mozart de las matemáticas", de quien se dice que no tuvo vida suficiente para sacar de su cerebro toda la música que tenía en él.

La obra de Euler fue extensa, casi 1000 artículos publicados y varios libros, lo que no le impidió tener una intensa vida familiar en la que educó y cuidó a trece hijos. Sus numerosas contribuciones abarcaron desde las matemáticas puras hasta la ingeniería naval. No podemos abarcar toda su obra pero mencionaremos algunos de sus aspectos fundamentales que contribuyeron a la ciencia de la gravedad. A Euler le debemos la introducción del análisis matemático en la Física, el que sustituyó a las consideraciones geométricas de Newton. Su obra "Mecánica" fue un clásico de la mecánica racional por muchos años. Esta contribución de Euler facilitó sensiblemente el progreso de la Física.

Muchas de sus investigaciones sobre la teoría de superficies en geometría diferencial no fueron publicadas en su vida, pero fueron usadas posteriormente por Gauss para sus estudios sobre las hoy llamadas superficies gaussianas, una de las bases de la Relatividad General. Y así Euler contribuyó al desarrollo de la teoría gravitatoria de Einstein unos 170 años antes que éste la descubriera.

Son muy conocidas por los ingenieros hidráulicos y por todos aquéllos que se dedican a fluidos, las ecuaciones de Euler que describen el movimiento de éstos, en donde se introduce el concepto de potencial de velocidad, es decir una expresión matemática que expresa la "capacidad latente", en una corriente fluida, para adquirir velocidad. Esta idea de potencial, como una "capacidad latente", fue posteriormente extendida a otros campos de la Física, entre ellas el campo gravitatorio. En este caso expresa la energía que una masa ejerce en una cierta región del espacio, sobre aquellas masas que se encuentren en esa zona y que finalmente se manifiesta como una fuerza de atracción.

Y por fin llegamos también a la Mecánica Celeste, donde los aportes de Euler fueron también cuantiosos y especialmente en las trayectorias de planetas y cometas. Estudió el "problema de los tres cuerpos" que se atraen mutuamente por acciones gravitatorias, y descubrió que bajo circunstancias especiales pero frecuentes, se encuentran puntos en el espacio donde las acciones gravitatorias son nulas. Nos referiremos posteriormente a este importante aporte de Euler, que le valió un premio de la Academia de Ciencias de París, cuando expliquemos los Puntos de Lagrange.

Sus últimos años los pasó en San Petersburgo, ciego pero completamente lúcido y en plena actividad. Su extraordinaria memoria le permitía seguir produciendo nuevas ideas en sus investigaciones matemáticas, pese a su falta de vista. Lamentablemente, un 18 de Setiembre de 1783, a sus 76 años de edad, cuando el frío otoño ruso comenzaba, sufrió un derrame cerebral. Antes de perder su conciencia dijo "Me estoy muriendo". Y tal como fue su ciencia, esta predicción también fue exacta. Al igual que a Newton, le debemos mucho.

b. Lagrange. Una Mecánica sin fuerzas pero con energía

La solución a las incomodidades del planteo newtoniano abundante en ecuaciones, la obtuvo Giuseppe Ludovico Lagrangia (1736-1813), conocido posteriormente como Joseph Louis Comte de Lagrange. Nació así la Mecánica Analítica, que si bien difiere en mucho de los planteos de Newton, llega a sus mismos resultados, lo cual era de esperar.

Lagrange nació el 25 de Enero de 1736 en Turín, Italia, y se destacó desde adolescente por su gran capacidad matemática. Posteriormente, su fama lo llevó, a los treinta años de edad, a vivir en la corte del rey Federico el Grande de Prusia, donde a lo largo de veinte años publicó una enorme cantidad de artículos sobre matemáticas y física. A la muerte del rey de Prusia, y ante la absoluta falta de interés de su sucesor por las ciencias y con una pena en el alma, Lagrange se fue a París, invitado por Luis XVI. Tenía 51 años de edad y en esa ciudad vivió el resto de su vida. Allí pasó los duros años posteriores a la Revolución Francesa y aunque su amigo el gran químico Antoine-Laurent de Lavoisier (1743-1794) fue muerto en la guillotina, él se quedó en París, pese a la probabilidad que tenía de seguir el mismo destino. Llegada la época napoleónica, el Emperador lo hizo Conde del Imperio cuando ya era un venerable anciano, que vivía encerrado en sus meditaciones científicas. Falleció en París a la edad de 77 años, el 10 de Abril de 1813. Sus restos reposan junto a otros grandes de Francia, en el Panteón de París. Con él nació la elegancia en las matemáticas, aspecto que Lagrange cultivó cuidadosamente releyendo y corrigiendo sus escritos antes de publicarlos. En esto fue muy diferente a Euler, cuya dedicación a revisar y corregir sus escritos era escasa.

A lo largo de su vida, Lagrange publicó una impresionante cantidad de artículos sobre matemáticas y física, sólo superado por Leonhard Euler, a quien respetó siempre y consideró su mentor. La obra cumbre de Lagrange se imprimió por primera vez en 1788; es su famoso tratado "Mecanique Analytique", donde expone los fundamentos de la Estática, la Dinámica, la Hidrostática y la Hidrodinámica y lo hace mediante razonamientos matemáticos profundos. En este libro desarrolla las ecuaciones del movimiento, sin recurrir a los "entes" físicos de Newton, ni a sus leyes. Es interesante decir que estaba orgulloso de este tratado de Mecánica Analítica porque no contenía un solo dibujo. Sin embargo, en el año de su publicación, el interés de Lagrange por las matemáticas había decaído sensiblemente y estaba abocado al estudio de temas de metafísica, filosofía y química, tan es así que cuando le dieron su ejemplar de la primera edición, no se molestó siquiera en abrirlo por los dos años siguientes.

Para obtener de manera más sencilla las ecuaciones del movimiento de un sistema de partículas, Lagrange desarrolló dos importantes conceptos: el de "grados de libertad" y el de "coordenadas generalizadas". El primero se define como los "movimientos posibles (o virtuales)" que a un cuerpo le dejan sus ligaduras a elementos fijos. Por ejemplo, un tren sólo puede moverse sobre sus vías y la distancia entre el tren y la estación donde nacen las vías define perfectamente donde está el tren. Se dice entonces que el tren tiene un solo grado de libertad que son las vías y su coordenada generalizada es la distancia a la estación donde nacieron las vías, o cualquier otro lugar conveniente sobre ellas. Toda otra posición en el espacio que no sean las vías, le está prohibida al tren. Éste es un caso en el que hay una sola coordenada generalizada para describir la posición en el espacio de un objeto.

Pero además de definir la posición de un objeto, las coordenadas generalizadas también pueden corresponder a su velocidad, su aceleración, la potencia desarrollada por su máquina, etc. De manera entonces que las coordenadas generalizadas son aquéllas que caracterizan completamente el estado mecánico de un sistema y por lo tanto no son forzosamente coordenadas espaciales. Como correlato del concepto de coordenada generalizada, surge entonces el de "velocidad generalizada", "momento generalizado" y "fuerza generalizada". El término "generalizada" fue usado por primera vez por el científico irlandés Sir William Thomson (1824-1907), mas tarde llamado Lord Kelvin, en su libro Natural Philosophy publicado en 1867.

Recordemos algo de nuestros años escolares. La energía de un cuerpo tiene dos componentes; una debido a su velocidad, llamada energía cinética y otra debida a su posición respecto a un cierto nivel de referencia, llamada energía potencial. Esta última indica cuanta energía puede liberar un cuerpo si se lo deja en libertad, como por ejemplo caer desde lo alto de un precipicio. En sus investigaciones y aplicando los conceptos de "grados de libertad" y "coordenadas generalizadas", Lagrange descubrió que la diferencia entre la energía potencial y la cinética de una partícula contiene la información sobre la trayectoria de aquélla, a través de un juego de ecuaciones conocidas hoy como las "ecuaciones del movimiento de Lagrange". Esa diferencia entre energía cinética y potencial se conoce como el "lagrangiano" de una partícula o conjunto de partículas y tiene, en la Mecánica Analítica, la misma importancia que el concepto de fuerza en la teoría de Newton.

El método de Lagrange es muy simple: se eligen las coordenadas generalizadas más convenientes para el sistema en estudio y luego se expresa el lagrangiano de éste en función de las primeras. La expresión obtenida del lagrangiano se introduce en las ecuaciones del movimiento de Lagrange y la solución a estas últimas es una fórmula que describe la trayectoria del cuerpo en cuestión. Este método, aparentemente más complicado que el de Newton, ha demostrado ser más sencillo para resolver en sistemas con gran cantidad de cuerpos o partículas y de allí se deriva la importancia de la Mecánica Analítica.

c. Laplace. La ecuación de los potenciales en el vacío

Pierre Simón Laplace (1749-1827), nacido en Normandía, Francia, dentro de una familia de terratenientes y comerciantes, fue un excelente matemático, fuertemente influido por las ideas y trabajos de Lagrange y de Adrien Marie Legendre (1752-1833), aunque escasamente hizo referencia a ellos en sus trabajos científicos, donde usó procedimientos matemáticos ideados por aquéllos.

Laplace hizo una brillante carrera académica y en 1785, tomó examen y aprobó a un joven cadete de 16 años, del Real Cuerpo de Artilleros, llamado Napoleón Bonaparte, el mismo que en 1806 lo nombró Conde del

Imperio. No obstante esta distinción imperial, el gran matemático mantuvo su adhesión a la causa realista o mejor dicho supo moverse con habilidad política en medio de las turbulencias políticas de la Francia de aquellos años. Luis XVIII lo designó marqués en 1817, después de la restauración de los Borbones. Su adhesión al rey y su oposición a firmar un documento en apoyo de la libertad de prensa le valieron la pérdida de todos sus amigos en el mundo político.

En 1799 inició la publicación de su tratado de Mecánica Celeste, formado por cinco volúmenes y ese año aparecieron los dos primeros. Desarrolló una teoría sobre las fuerzas moleculares a distancia, con la cual pretendió explicar todos los fenómenos físicos. Escribió estas ideas en 1805, en el cuarto libro de su Mecánica Celeste, en el que incluía la gravedad.

En su Mecánica Celeste, Laplace expone una ecuación que permite calcular la distribución de la energía potencial creada por las masas en un espacio tridimensional. Esta ecuación hoy lleva su nombre, aunque ya era conocida de antes y no sólo es aplicable a la gravedad sino también a los campos eléctricos. En términos matemáticos ella dice que el laplaciano del potencial gravitatorio es cero en una región donde no hay masas. Para quien no está familiarizado con esta terminología, es suficiente saber que con la ecuación de Laplace se puede calcular la intensidad de un campo gravitatorio en diferentes puntos de un espacio, conociendo las masas que generan a aquél.

La obra de Laplace fue enorme. Además de sus investigaciones sobre la Mecánica Celeste y la gravedad, debemos destacar su Teoría Analítica de Probabilidades y esa potente herramienta que tanto usa la Teoría del Control Automático, que es la transformada de Laplace. Ésta es la que permite estudiar, de manera sencilla, un fenómeno transitorio en función de la frecuencia y después pasarlo al dominio del tiempo, para interpretar el fenómeno tal como se lo observa en la realidad.

d. Gauss. Curvatura de las superficies y geodésicas
Johann Carl Friedrich Gauss nació en Brunswick en 1777 y falleció en Hanover en 1855. Fue el matemático más destacado de su época, aunque hay quienes sostienen que fue el más destacado de todos los tiempos. Su labor abarcó la Mecánica Celeste, las probabilidades (es digno de recordar su método de análisis de observaciones por mínimos cuadrados), la teoría de

superficies alabeadas, métodos de integración, etc. Trabajó intensamente en observaciones astronómicas, relevamientos geodésicos y en la determinación del campo magnético terrestre. Motivado por sus estudios de geodesia, publicó un importante estudio sobre las atracciones entre cuerpos esféricos y elípticos, basado en la Teoría Potencial, que es la ciencia que estudia los potenciales y campos gravitatorios, aunque sus métodos y conclusiones son también aplicables a los campos eléctricos. Junto con Weber aplicó esta teoría al estudio del magnetismo terrestre y es en este trabajo donde se ve la influencia de las ideas de Poisson, el fundador de dicha teoría, sobre las de Gauss.

Pero el gran aporte de Gauss al conocimiento de la gravedad fue su investigación sobre las superficies curvas, la que Einstein usó en un aspecto fundamental de su Relatividad General: el espacio-tiempo se curva por la acción gravitatoria de las masas y esa curvatura responde a las teorías de Gauss.

Veamos brevemente como se conectan las investigaciones de Gauss sobre superficies curvas con las de Einstein sobre la gravedad. Las superficies de Gauss (gaussianas) requieren de una geometría diferente de la de Euclides para determinar la distancia entre dos puntos de ella, porque no son distancias sobre un plano. Esto hace que el viejo y conocido teorema de Pitágoras no sea aplicable. En su lugar, Gauss dedujo una fórmula más compleja, que también puede aplicarse al cálculo de distancias en espacios de más de tres dimensiones.

Dado que el espacio se curva por la acción de las masas, Einstein postuló que el espacio se comporta entonces como una superficie gaussiana, sobre la cual se mueven las partículas libres. Pero el principio de mínima acción de Hamilton establece que de todos los caminos posibles que unen dos puntos, cualquier partícula libre "elegirá" siempre el más corto posible. Entonces este camino más corto corresponde a una curva sobre la superficie que se llama "geodésica" y las distancias sobre ella se calculan con la fórmula de Gauss. Véase la Figura 3.4. El término geodésica significa "divisor de la Tierra". Éste proviene del hecho que la distancia más corta entre dos puntos sobre una esfera es el arco de círculo máximo que los une. Este círculo se forma por la intersección de la esfera misma con un plano cualquiera que pase por su centro. Este plano imaginario divide la esfera en dos partes iguales y de allí surge el término adoptado: divisor de la Tierra. Los marinos conocen muy bien este caso porque para acortar sus viajes deben seguir por rutas geodésicas, a las cuales el vocabulario naval llama "loxodromias".

El hecho que las partículas libre sigan geodésicas y no rectas, como suponía la Mecánica Clásica, es uno de los pilares de la Relatividad General que Gauss contribuyó fuertemente a construir, pero nunca se enteró de este significativo aporte que hizo al conocimiento de la gravedad.

e. La sabia economía de la Naturaleza para mover las cosas

Las bases de la Mecánica Analítica se encuentran en un sencillo principio que supone que la Naturaleza actúa siempre de manera tal, que "economiza al máximo posible algún tipo de esfuerzo" para que los fenómenos ocurran. La historia de esta idea es muy antigua, ya que se remonta al ingeniero griego Herón de Alejandría (circa 10 d.C.-70 d.C.), quien ya había establecido que el camino recorrido por la luz cuando se refleja, es el más corto posible ("economía" de su trayecto). En 1657, el matemático francés Pierre de Fermat (1601-1665) estudió los fenómenos de refracción y reflexión de la luz y sobre la base de ellos estableció que cuando la luz viaja entre dos puntos, lo hace siempre por el trayecto que le insume menos tiempo. Esta observación sobre el tiempo de tránsito de la luz es conocida como el "principio de mínimo tiempo de Fermat" y constituye la primera aproximación científica al concepto de "economía de las acciones de la Naturaleza", según el cual los fenómenos naturales suceden minimizando alguna magnitud, que depende de la naturaleza del fenómeno.

Una pequeña nota histórica: Fermat es el que propuso que una ecuación parecida a la famosa de Pitágoras para triángulos rectángulos, no tiene solución. Es el llamado "último teorema de Fermat". Éste manifestó que había encontrado una demostración a tal teorema, pero se la llevó a la tumba. A Pierre le encantaba proponer públicamente complejos problemas matemáticos, alegar que los había solucionado y no dar a conocer tales soluciones. Lógicamente fue una figura antipática entre los científicos y jamás hizo de amigos entre ellos. Curiosamente, su oficio no era la ciencia sino el ser funcionario de la Justicia, pero su hobby eran las Matemáticas. En dicho hobby demostró ser brillante, aunque en sus tiempos la comunidad científica lo consideraba un amateur, quizá debido a la antipatía que inspiraba su brillante inteligencia y mezquindad. No obstante, sus investigaciones han sido importantes y su famoso "último teorema" atormentó a varias generaciones de matemáticos, quienes infructuosamente trataron de demostrarlo, sin éxito alguno. Recién en los años noventa del siglo XX, el matemático inglés Andrew Wiles (1953-) obtuvo a una demostración. Para llegar a ella, Wiles tuvo que demostrar la validez de la conjetura de Taniyama-Shimura sobre curvas elípticas y utilizar otros procedimientos sofisticados de las matemáticas modernas. Es de dudar que Fermat hubiera tenido estos conocimientos, de manera que si buscamos su mentada solución en su tumba, lo más probable es que encontremos una de las tantas demostraciones equivocadas que se hicieron para el más famoso problema en la historia de las Matemáticas; el teorema de Fermat.

Pero volvamos a nuestra Mecánica. El principio de Fermat, que si bien era de naturaleza óptica, fue extendido a la Mecánica por el matemático y astrónomo francés Pierre-Louis Moreau de Maupertuis (1698-1759) en el siglo XVIII, cuando postuló que el movimiento se produce siempre minimizando alguna acción. En su "Ensayo de Cosmología", publicado en 1744, Maupertuis determinó que cuando un cuerpo se mueve, la acción que se minimiza es el producto de su velocidad por el espacio que recorre y sostuvo además, que un fenómeno mecánico, en el que participan diversos cuerpos, se produce de manera tal que la suma de sus acciones es mínima. Este enunciado se lo conoce en Mecánica como el "principio de mínima acción". Curiosamente, Maupertuis adjudicó el origen de este principio a la "sabiduría de Dios", en vez de buscar su demostración científica.

La realidad es que la definición física de "acción", que hizo Maupertuis, estaba equivocada, pero su idea fue suficiente para impulsar el estudio de la Mecánica desde el punto de vista del "principio de mínima acción" o de "economía de la Naturaleza". Esta teoría tuvo profundas repercusiones posteriores para el desarrollo de la Física. Recién en el siglo siguiente al que Maupertuis enunciara este principio, su definición fue corregida y el principio desarrollado con rigurosidad. El mérito le correspondió a Hamilton y sobre su base, Maxwell y Einstein desarrollaron sus nuevas y revolucionarias teorías físicas; la del Electromagnetismo y la de la Relatividad.

Unos veinte años después de la muerte de Lagrange, la idea del principio de mínima acción de Maupertuis, llamó la atención del matemático irlandés Sir William Rowan Hamilton, nacido en Dublín, quien investigó profundamente la naturaleza de este principio y llegó a una serie de conclusiones importantísimas para el futuro desarrollo de la Física clásica y moderna. Publicó su investigación en 1834, en un famoso documento que tituló "Sobre un método general en Dinámica". En éste fundamenta el principio de economía de la naturaleza y le da su forma matemática correcta, a partir del cual puede deducirse la mayor parte de la Mecánica.

f. Hamilton. El principio de la Mecánica Analítica

Hamilton fue un niño con una capacidad intelectual asombrosa. A los cinco años podía traducir el griego, el latín y el hebreo. Su prodigiosa capacidad para los idiomas le permitió llegar a la edad de catorce años dominando, además de los antes mencionados, el francés, el italiano, el árabe, el caldeo, el sánscrito, varios dialectos indios y el persa. Sin embargo y pese a su sólida formación humanística, adquirió una fuerte inclinación por las matemáticas a los quince años de edad y desde entonces se dedicó a ellas y su aplicación a la Física. Comenzó investigando las trayectorias de la luz y publicó un primer trabajo con elementos matemáticos tan complejos y abstractos, que los miembros de la Real Academia Irlandesa, no lo comprendieron. Tuvo que completarlo y fundamentarlo de manera más sencilla, lo que dio origen a un tratado ya clásico para el estudio de la óptica geométrica. En ese entonces tenía veintiún años de edad. Sin embargo, pese a la extraordinaria inteligencia de la que estaba dotado, la vida de Hamilton fue dura en el aspecto sentimental; sufrió un amor no correspondido desde los diecinueve años de edad hasta su muerte y aunque se casó con otra mujer, no pudo conseguir la felicidad conyugal. Lamentablemente estos infortunios lo llevaron a la bebida, lo que le acarreó no pocos momentos bochornosos a lo largo de su vida.

El principio de economía de la naturaleza fue expresado por Hamilton de manera científica. Para ello, primero definió la acción como el producto del lagrangiano de la partícula, por el intervalo de tiempo que transcurre durante su movimiento. Luego postuló que esta acción es la que la naturaleza minimiza y lo hace "eligiendo la trayectoria más económica para la partícula". La idea fuerza del principio de Hamilton, es que la naturaleza "conoce" los diversos caminos que puede tomar un cuerpo cuando se la somete a una fuerza o cuando sigue por inercia en ausencia de fuerzas externas y que "elige" la trayectoria que minimiza el aumento de la acción definida anteriormente. Sobre la base de este principio se pueden deducir las ecuaciones del movimiento de Newton y también las de Lagrange.

El impacto de esta idea ha sido enorme en la Relatividad General, porque las trayectorias de los cuerpos libres respetan el postulado de mínima acción de Hamilton (producto del lagrangiano por tiempo), recorriendo los caminos más cortos posibles, llamados "trayectorias geodésicas". Sobre estas bases, Hamilton dedujo sus propias ecuaciones del movimiento, que tienen la ventaja de ser ecuaciones más sencillas que las de Lagrange. Al igual que éstas no usan el concepto de fuerza y por lo tanto no tienen las desventajas de las ecuaciones de Newton.

Es interesante destacar que Lagrange y Siméon Poisson (1781-1840) ya habían obtenido las expresiones de las ecuaciones de Hamilton en el año 1809, pero ninguno de ellos se dio cuenta que estaban delante de un grupo fundamental de ecuaciones del movimiento y no les asignaron gran importancia a su existencia. Toda la Mecánica puede ser desarrollada sobre la base del principio de Hamilton y por eso hay quienes consideran a este principio de mayor importancia aún que las leyes de Newton, tema que no vamos a debatir aquí. Pero sepamos que las investigaciones de Hamilton completaron las bases de la Mecánica Analítica que había iniciado Lagrange.

Resumidamente podemos decir que la Mecánica Analítica, creada sobre la base de las ecuaciones de Lagrange y el principio de mínima acción de Hamilton, es una rama de la Física que aplica el principio de mínima acción de Hamilton y llega a las mismas leyes de la Mecánica de Newton, pero reemplazando el concepto de fuerza por el de lagrangiano. ¿Porqué su existencia? Simplemente porque permite abordar con mayor sencillez y elegancia que las fórmulas de Newton, una gran cantidad de temas de la Mecánica que con aquéllas se hacen inmanejables. No se trata entonces de "otra" Mecánica, sino de la misma pero con otro enfoque, aunque quizá un tanto más abstracto.

9. La Teoría Potencial. Poisson y Green

El siglo XIX nos trajo otro producto intelectual que hizo progresar el conocimiento de la gravedad y que también fue fruto de muchos esfuerzos previos; la Teoría Potencial. En realidad ésta se había iniciado con los estudios de Leonhard Euler sobre la ley de continuidad de los fluidos incompresibles y con los del matemático inglés George Green (1793-1841) sobre el Electromagnetismo.

Esta teoría trata de determinar cómo se distribuye la energía generada por un ente físico en el espacio que lo rodea. En el caso de la gravedad es la energía generada por una masa para atraer a otra. Y se llama potencial porque se trata de una energía "quieta", que "puede" mover un cuerpo, a condición de que éste sea libre de hacerlo. Una vez que se inicia el movimiento, la energía potencial del cuerpo va disminuyendo en la misma proporción en que aumenta su energía cinética, de manera que la suma de ambas energías siempre se mantiene constante. Es el viejo y conocido principio de conservación de la energía mecánica de un cuerpo.

La idea de la Teoría Potencial aplicada a la gravedad, se completa con el concepto de "potencial gravitatorio" que es simplemente la energía potencial que "emana" de una masa gravitatoria por cada kilogramo de masa que ella posee. Es por eso que el potencial gravitatorio se mide en términos de energía (o trabajo) por kilogramo masa del cuerpo que crea la gravedad. Se trata de una propiedad del espacio, creada por la suma de todas las masas que ejercen una acción gravitatoria sobre ese punto. Tales potenciales son entonces entes físicos invisibles, generados por las masas en el espacio que las circunda, y que dan lugar a las fuerzas de gravedad. El conocimiento de los valores que tiene el potencial gravitatorio en los puntos de una región, permite calcular las fuerzas gravitatorias en ella y las trayectorias que seguirán los cuerpos debido a estas acciones gravitatorias y de estas posibilidades deriva la importancia de la Teoría Potencial

Esta teoría, también llamada Análisis Armónico, es una especialidad de las Matemáticas que nació para interpretar los fenómenos de campo de la electrostática y la gravedad, pero que además resultó ser una buena herramienta para estudiar otros desarrollos de la Mecánica. Su cometido principal para nuestro estudio de la gravedad, es el de describir como se distribuyen las fuerzas gravitatorias en una cierta región del espacio. Su existencia se debe al trabajo de varios matemáticos de fines del siglo XVIII y comienzos del XIX, de los cuales sólo mencionaremos a cuatro de ellos: Laplace, Poisson, Gauss y Green. En rigor de justicia, hay que decir que no fueron los únicos en contribuir al desarrollo de esta rama de la Física y de las Matemáticas, pero hay que reconocer que fueron los más destacados en el desarrollo de esta teoría.

a. Poisson. La Teoría Potencial en pocas palabras

Siméon Denis Poisson, matemático nacido en Francia en 1781, falleció cerca de París en 1840. A los 18 años publicó un trabajo sobre diferencias finitas que llamó la atención de un matemático de nota como era Legendre en aquellos tiempos. Fue alumno y amigo de Laplace y Lagrange por el resto de su vida. Aunque era principalmente un matemático, su Tratado de Mecánica, publicado en 1811 y en 1833, fue el libro de texto clásico de esta ciencia por muchos años.

Para quien tenga interés en entender a la Teoría Potencial recordaremos algunos conceptos de la Física gravitatoria. Y a quien no le interese esta parte técnica, lo que sería muy comprensible, la puede saltar y seguir su lectura en el punto siguiente, y así evitarse el mal trago que suelen ser las ideas algo abstractas de la Matemáticas.

Un campo gravitatorio es la fuerza que recibe un cuerpo por unidad de masa. Por lo tanto se lo mide en Néwtones por kilogramo masa. Pero según la segunda ley del movimiento de Newton, al dividir la fuerza aplicada por la masa, se obtiene la aceleración que anima a esta última. En la Tierra, esa aceleración es igual a 9.8 metros por segundo cuadrado. Por lo tanto podemos decir que el campo de la Tierra es igual a 9.8 Newtones por kilogramo masa o también metros por segundo cuadrado.

Y aquí la Teoría Potencial recurre una imagen que ha probado ser muy útil. Ésta consiste en imaginar que de la masa gravitatoria salen "líneas de fuerza", a lo largo de las cuales actúan las fuerzas de la gravedad. Cuanto más líneas de fuerza, mayor es la gravedad. Por convención se ha adoptado que la cantidad de líneas de fuerza que salen de una masa gravitatoria es igual a la intensidad del campo. Es decir que de la Tierra salen 9.8 líneas de fuerza por metro cuadrado. Y teniendo en cuenta que la Tierra tiene unos 500 trillones de metros cuadrados, la cantidad total de líneas de fuerza que salen de ella son unos 5,000 trillones de líneas de fuerza. No las vemos pero estamos sumergidos en ese torrente que nos mantiene pegados a la Tierra.

La divergencia es una magnitud que da idea de cuán importante es el campo creado por una masa por unidad de volumen. Para obtener esta divergencia sólo hay que dividir las líneas de fuerza totales por el volumen de la masa gravitatoria. En el caso de la Tierra dividimos 5,000 trillones por los 1.1 billón de trillones de metros cúbicos de su volumen y obtenemos una divergencia de 0.00000463 líneas por metro cúbico. En realidad se trata de una divergencia modesta si la comparamos con las de otros astros, lo cual es una suerte para nuestra vida.

La ecuación de Poisson dice que la divergencia del flujo gravitatorio es proporcional a la densidad de la masa. Por lo tanto, cuanto mayor sea la densidad, mayor será la cantidad de líneas gravitatorias por metro cúbico. Más gravedad tenemos que soportar. Con esta ecuación es posible determinar cómo se distribuyen los potenciales gravitatorios en el espacio y por lo tanto las fuerzas gravitatorias a las que están sometidas las masas atraídas.

La ecuación de Poisson es una generalización de la de Laplace. A diferencia de ésta, la densidad de líneas de fuerza, sea gravitatoria o electrostática, no es igual a cero sino que es igual a la densidad de las masas o la densidad de las cargas eléctricas encerradas en la región bajo estudio.

Esta ecuación, unida a la Ley de Gravitación Universal de Newton y dos textos de enjundia: la Mecánica Celeste de Laplace y la Mecánica Analítica de Lagrange, determinan completamente las bases de lo que podemos llamar la Teoría Clásica de la Gravedad. Y cuando esta teoría llega a su madurez, en la línea de tiempo nos encontramos en la primera mitad del siglo XIX.

El nombre de Poisson ha quedado en numerosas ecuaciones y constantes de la Física y de las Matemáticas, debido a la gran variedad de campos que abarcó su obra. La importancia de su trabajo para la Teoría Potencial, puede verse en el hecho de que esta teoría tiene por objetivo resolver la ecuación que lleva su nombre.

b. Green. Los campos y potenciales eléctricos

George Green (1793-1841) nació y falleció en el mismo lugar de Inglaterra; en Nottingham. Fue un matemático que careciendo de una formación académica formal fue capaz de desarrollar la teoría matemática general de la función potencial, aplicada a la electricidad y al magnetismo. En este trabajo introdujo el término potencial. Estudió matemáticas por su cuenta y no se sabe cómo llegó a tener tanto conocimiento de ellas, aunque se cree que fue ayudado por un matemático, graduado en Cambridge, llamado John Toplis, que vivía en Nottingham al igual que Green y que tradujo al inglés el primer libro del Tratado de Mecánica Celeste de Laplace. George se ganaba la vida trabajando en un molino de maíz, impulsado por el viento, que pertenecía a su padre. Sus estudios los hizo en soledad, en el último piso del edificio de ese molino, que su padre construyó de ladrillos.

Los resultados de ese esfuerzo individual están a la vista: en 1828 publicó su primer trabajo en la Prensa de Nottingham. El documento es uno de los más importantes en la historia de las Matemáticas; se titulaba "Un Ensayo sobre la Aplicación del Análisis Matemático a la Electricidad y el Magnetismo" y difícilmente haya sido interpretado por los 51 suscriptores que lo compraron. En el prefacio, George reconocía que había tenido una limitada fuente de información y además pedía indulgencia a quien lo leyera, debido a su falta de formación académica. Sin embargo y pese a su manifiesta humildad, acababa de crear un documento fundamental para la ciencia y no lo sabía, más aún; murió sin saberlo. En su ensayo comienza explicando la importancia de la "función potencial". Por primera vez aparece este término, que se refiere a la influencia que tienen un conjunto de masas sobre un punto del espacio y que matemáticamente se expresa como la suma de sus masas dividida cada una por la distancia al punto. Luego Green aplica la función potencial a la electricidad y el magnetismo. También desarrolla el ahora conocido "teorema de Green", en el que demuestra una relación de gran importancia para la teoría de los campos: la que existe entre una integral de volumen y una de superficie. Pese a la calidad y cantidad de conocimientos que el ensayo tenía, no tuvo difusión porque no llegó a las manos de ninguna persona con suficientes conocimientos como para interpretarlo y asignarle la importancia que se merecía.

Finalmente George se decidió a estudiar matemáticas y lo hizo en Cambridge. Tenía 40 años cuando comenzó y corría el año 1833. Se graduó en 1837. Publicó otros diversos trabajos sobre electromagnetismo, hidráulica, óptica, etc. Lamentablemente su salud estaba resentida y falleció poco después de obtener su grado en Cambridge. Era joven y murió creyendo que había sido un oscuro matemático y en realidad fue uno de los grandes creadores en las ciencias exactas. Es un hecho verdaderamente triste e injusto. Recién en la segunda mitad del siglo XIX y gracias a Thomson, Maxwell y otros, su trabajo fue conocido y aplicado exitosamente al Electromagnetismo y otras ramas de la Física.

c. Cadena de causalidades gravitatoria

Ya conocemos quienes han sido los padres de la Teoría Potencial. Dejemos a un lado la historia y resumamos los conceptos físicos de la gravedad, teniendo en cuenta lo que sabemos sobre la Teoría Potencial. ¿Quién origina las fuerzas de atracción? La "energía desprendida" por las masas gravitatorias. Podemos también decir que ésta es energía potencial emanada de las masas y "alojada" en el espacio.

El porqué una masa "desprende" energía no está claro aún y todo indica que la explicación sólo la podría dar la Mecánica Cuántica. En la Teoría de Cuerdas es posible encontrar explicaciones sobre el origen íntimo de la gravedad dentro de la masa, pero esta teoría no está comprobada aún, pese a que pareciera ser hoy la mejor explicación de la gravedad.

Según la Mecánica Clásica, la cadena de causalidades que va desde el origen de la gravedad hasta los movimientos celestes que ella produce, se resume de la siguiente manera:

Masas gravitatorias → Potenciales gravitatorios → Campo gravitatorio → Fuerzas gravitatorias → Masas atraídas → Aceleración de las masas atraídas

Observemos que esta cadena de causalidades empieza con una magnitud dinámica; la masa, pasa por la energía y la fuerza que son también magnitudes dinámicas, pero termina con una magnitud cinemática: la aceleración. Esta conversión de una cadena de causalidades dinámicas a una magnitud cinemática, es lo que permite vincular las masas con las trayectorias, que son las que finalmente explican los movimientos de los astros.

La cadena gravitatoria anterior tiene un primer paso fundamental y no bien conocido (¿fenómeno cuántico?) que es la conversión de la distribución de masas a la de los potenciales gravitatorios. Recordemos que en la Mecánica Clásica estos potenciales son expresiones de la energía potencial gravitatoria por unidad de masa, pero veremos que en la Relatividad General los potenciales gravitatorios no tienen este carácter físico, sino que son parámetros geométricos que identifican a la curvatura del espacio.

10. Electromagnetismo y crisis de la Mecánica. Faraday y Maxwell

A comienzos del siglo XIX, Michael Faraday (1791-1867), inicialmente sirviente y aprendiz de laboratorio en la Royal Society de Inglaterra, hizo un descubrimiento que cambió nuestra vida. Sobre la base de experimentaciones, encontró que el magnetismo es capaz de crear electricidad y que a su vez ésta es capaz de crear campos magnéticos. Los sustentos matemáticos de este descubrimiento fueron pobres inicialmente, porque Faraday carecía de una educación formal debido a su origen social humilde; era pobre a rabiar. Pero su mérito no es menor: con este descubrimiento nació la moderna Electrotecnia, esa tecnología derivada del Electromagnetismo que nos dice como diseñar, fabricar y usar motores eléctricos, generadores, líneas de transporte de electricidad a grandes distancias, etc.

A partir de entonces los descubrimientos en Electromagnetismo se sucedieron con gran velocidad, pero sobre bases científicas experimentales. Sin embargo, no existía un cuerpo matemático que permitiera la investigación sistemática de esta nueva ciencia. Pero todo cambió cuando el matemático y físico escocés James Clerk Maxwell (1831-1879), descubrió que los campos electromagnéticos pueden ser íntegramente explicados mediante cuatro ecuaciones, conocidas hoy como las "ecuaciones de Maxwell". Éste las hizo conocer en 1864, en un trabajo titulado "A Dynamical Theory of the Electromagnetic Field". Por la importancia científica y las consecuencias técnicas de estas ecuaciones, es muy justo decir que Maxwell fue el Newton del Electromagnetismo.

Aquellas famosas cuatro ecuaciones, elegantes y certeras, siguen siendo la base de nuestra extensa e intensa tecnología eléctrica. Es interesante saber que una de las cuatro ecuaciones de Maxwell, que explica la creación de campos eléctricos mediante cargas eléctricas quietas, es totalmente análoga a la ecuación de Poisson, de donde se pueden inferir algunas analogías importantes entre el campo gravitatorio y el eléctrico.

Pero había algo más oculto en esas cuatro ecuaciones: que es posible la existencia de ondas electromagnéticas que viajan a la velocidad de la luz. La inmediata consecuencia de esto fue que la luz es entonces un fenómeno electromagnético y que las ondas viajeras pueden llevar señales como por ejemplo la voz de las personas. Se habían descubierto las bases mismas de las Telecomunicaciones. El siglo XIX fue realmente asombroso.

El descubrimiento y aplicación tecnológica de las ondas electromagnéticas fue sin duda un hito en nuestra civilización, pero a fines del siglo XIX crearon un problema en la Mecánica, la "reina madre" de las ciencias, que fue resuelto recién en el siglo XX. El problema en cuestión era que las ecuaciones de Maxwell podían ser transformadas de un sistema de referencia a otro, pero ¡no con la transformación de Galileo! Para espanto de los mecanicistas de entonces, la aplicación de esta última no conservaba la forma matemática de las ecuaciones de Maxwell, lo cual atentaba contra el Principio de Relatividad. Iba de suyo que no podía aceptarse que el Electromagnetismo tuviera leyes diferentes en sistemas de referencia también diferentes.

La sorpresa fue mayor aún cuando el físico holandés Hendrik Antoon Lorentz (1853-1928) pudo desarrollar un grupo de ecuaciones de transformación, que conservaba la forma matemática de las ecuaciones de Maxwell, pero que no coincidía con las ecuaciones de la transformación de Galileo. Y hubo todavía otra sorpresa porque la transformación de Lorentz demostraba que nada podía superar la velocidad de la luz. Ni que decir que esto creó, inicialmente, un gran escepticismo sobre las bases teóricas del Electromagnetismo. La Mecánica no podía equivocarse. Para colmo de males, Lorentz encontró que su transformación predecía la contracción de los objetos y el retraso de los relojes cuando éstos eran observados en movimiento. Como vemos, ya se estaba afectando un pilar fundamental de la Mecánica: el absolutismo del tiempo y del espacio.

Y aquí debemos dejar este tema en suspenso porque ya hemos entrado en los prolegómenos de la Relatividad Especial. En el próximo capítulo veremos el desenlace de esta crisis científica.

11. La gravedad en el Sistema Solar

Antes de pasar al siglo XX y su alucinante desarrollo de teorías físicas, veamos rápidamente como es el campo gravitatorio que surge de las teorías de Newton. Veremos que en él hay también comportamientos que aún hoy en día son fascinantes.

Cuando un campo gravitatorio ejerce una fuerza sobre un cuerpo, éste no tiene más remedio que seguir la segunda ley de Newton y acelerar en la dirección y sentido de la fuerza gravitatoria aplicada. Esa aceleración es la medida de la intensidad del campo en ese punto y es la misma en todos los puntos de una superficie equipotencial. De este concepto se deriva lo que ya sabemos: la propiedad fundamental de un campo gravitatorio es que su acción produce la misma aceleración a todos los cuerpos sobre los que actúa y que estén a una misma distancia del centro de las masas creadoras del campo. La naturaleza de la masa del cuerpo atraído no tiene ninguna influencia sobre este fenómeno. Ya sea que el cuerpo sea de madera, hierro o carne y hueso, su aceleración será siempre la misma. Más aún, no interesa si su masa es igual a la del monte Everest o a la de una hormiga. Si bien las fuerzas en juego son muy diferentes entre la que atrae una montaña y la que atrae una hormiga, eso no obsta para que tanto el Everest como la hormiga caigan ambas con igual aceleración.

En nuestra vida diaria, parece tener poca importancia cuánto vale la intensidad del campo gravitatorio terrestre, salvo quizá cuando nos pesamos en una balanza y vemos que nuestra masa aumenta desagradablemente a medida que disfrutamos de la buena comida. Sin embargo, el desarrollo científico y el tecnológico, esa masa de conocimientos que cada día nos hace pasar una vida mejor, o al menos así debiera ser, requieren en muchas de sus ramas tener un conocimiento muy preciso de la intensidad del campo gravitatorio terrestre.

La Tierra es un cuerpo esferoidal, cuya intensidad gravitatoria sobre su superficie varía levemente de un lugar a otro, debido a que no es una esfera perfecta. Si bien es cierto que la aceleración de la gravedad puede considerarse constante en cualquier lugar de la Tierra para numerosas aplicaciones, este criterio no es admisible en muchas otras. Así sucede que en muchas tecnologías es suficiente con usar el conocido 9.8 m/segundo^2 y hasta hay aplicaciones en que con asumir 10 m/segundo^2, es suficiente. Sin embargo, hay muchos otros campos científicos y/o tecnológicos, en que la precisión requerida es mucho mayor, como en los estudios geológicos.

Por ejemplo, para determinar la forma exacta de la Tierra se requiere medir la aceleración de la gravedad con una precisión que esté dentro de 0.000001 m/segundo^2, lo que equivale a uno en una millonésima (1:10^6). En las prospecciones geofísicas en busca de minerales o petróleo, la precisión exigida es mayor aún: 0.000000001 m/segundo², equivalente a una parte en mil millonésimas (1:10^9). Para atender estos requerimientos, hoy se construyen medidores gravimétricos cuyas mediciones cumplen con esta precisión

a. Descubrimientos celestes

Uno de los objetivos principales de la teoría gravitatoria, es la determinación del movimiento de los cuerpos dentro de un campo gravitatorio. Es indudable que es en la Mecánica Celeste donde con mayor énfasis se han buscado las ecuaciones de las trayectorias dentro de campos gravitatorios y donde se han conseguido los resultados más espectaculares, debido a la exactitud lograda en la predicción del movimiento de los astros. Más aún, sobre la base de las observaciones astronómicas y las ecuaciones gravitatorias, ha sido posible determinar la existencia de astros que en su momento no eran visibles para los medios tecnológicos existentes y de los que no se tenían ni noticias.

Tal fue el caso de Neptuno, cuya existencia fue deducida por el astrónomo francés Urbain Jean Joseph Le Verrier (1811-1877) en 1846. Éste determinó que había una diferencia entre las posiciones observadas de Urano y el cálculo teórico de su trayectoria, razón por la cual llegó a la conclusión de que tal diferencia era producida por el campo gravitatorio de un planeta, desconocido hasta ese momento. Le Verrier determinó con precisión la masa y trayectoria del nuevo planeta, al que hoy conocemos como Neptuno y recomendó al astrónomo alemán Johann Gottfried Galle (1812-1910) del Observatorio de Berlín, hacia donde apuntar el telescopio para ver el astro que perturbaba la órbita de Urano. Ese mismo día, el 23 de Septiembre de 1846, Galle siguió las instrucciones de Le Verrier y fue el primer hombre en ver a Neptuno.

Con el planeta Plutón, ahora expulsado del selecto club de los planetas por su escaso tamaño, sucedió algo parecido en el siglo XX. Las desviaciones observadas en las órbitas de Urano y Neptuno motivaron la predicción de la existencia de Plutón, a comienzos de siglo, por parte de los astrónomos americanos Percival Lowell (1855-1916) y William H. Pickering (1858-1938). Los cálculos de éstos fueron corroborados recién en 1930, cuando Plutón fue observado por primera vez por el astrónomo americano Clyde W. Tombaugh (1907-1997). Lamentablemente Lowell ya había fallecido, pero Pickering, afortunadamente para él, sobrevivió 8 años al descubrimiento de Plutón.

b. Cavorita y fuerzas extraterrestres

¿Qué valor tienen los campos gravitatorios de otros astros sobre la superficie terrestre? ¿Podemos ser arrastrados hacia ellos? Estas preguntas son posiblemente las que inspiraron a H.G. Wells a escribir una novela de ciencia ficción, en la que su personaje principal, el señor Cavor, inventa un material al que llama "cavorita", el cual no permite ser atravesado por el flujo de la gravedad, es decir que era un verdadero aislante gravitatorio. Dentro de una esfera de cavorita, si ésta existiera, no hay gravedad y los cuerpos flotan libremente en ella. En la novela de Wells, el señor Cavor fabrica una esfera con varias ventanas y la coloca de manera tal que cierra las que miran hacia la Tierra y abre las que apuntan a la Luna. Dado que los cuerpos dentro de la esfera no estaban atraídos por la Tierra pero si por la Luna, la esfera remonta vuelo hacia este satélite, llevando al señor Cavor a una aventura interplanetaria.

¿Es esto posible? La respuesta es no, y es de lamentar que sea así porque de lo contrario se abrirían unas posibilidades espectaculares. Muchos se preguntarán cual es la causa de este no. Bueno, la verdad es que nunca se ha encontrado la famosa cavorita ni nadie cree que exista, pero si es verdad que los otros astros, principalmente la Luna y el Sol, tratan de "llevarse cosas" que hay sobre la Tierra, por medio de su propia gravedad y en contra de la de la Tierra.

En la Tabla 1.1 se dan los valores de la atracción gravitatoria de los otros astros del Sistema Solar sobre las cosas que hay en la faz de la Tierra. Con estos valores podemos darnos cuenta si los otros astros pueden o no llevarse cosas que están sobre la faz de la Tierra y además comprenderemos la importancia de la gravedad del Sol y de la Luna y la insignificante influencia que tiene el resto de los planetas. Lea esto y después comente las conclusiones con un astrólogo amigo. Puede que éste deje de hablar para siempre acerca de la influencia gravitatoria de los astros sobre los seres humanos.

Las explicaciones que siguen dan una idea de los "números gravitatorios" que hay en el Sistema Solar, nuestra casa. Han sido calculadas como valores promedio, sin tener en cuenta la forma de las órbitas y otros aspectos que un buen astrónomo no deja de lado. Sin embargo, para nuestros fines, será suficiente esta aproximación, porque el objetivo es dar un orden de ideas y no informar números exactos.

La Tierra tiene una masa de unas seis mil trillones de toneladas masa ($6,000 \times 10^{18}$ toneladas). La masa del Sol es 285,300 veces más grande que ésta y la de la Luna es apenas el 1.2% de la masa de la Tierra. Afortunadamente, la distancia al Sol es gigantesca, lo que nos salva de morir quemados. La Luna, según dijimos antes, está a 384,000 Km de la Tierra, en tanto que el Sol está a una distancia media de 149 millones de kilómetros. La luz, que en el vacío se mueve a 300,000 km/segundo, tarda 8.27 minutos en recorrer esta última distancia.

La Tabla 1.1 dice que cada kilogramo masa que está sobre la Tierra, está atraído por ésta con una fuerza gravitatoria de 1,000 gramos (1 kilogramo) fuerza. En cambio, la Luna actúa sobre ese mismo kilogramo con una fuerza de 0.0033 gramos y el Sol con una de poco más de medio gramo. Es decir que el campo gravitatorio del Sol sobre la Tierra equivale a un 0.06% de la gravedad terrestre y el de la Luna a un 0.0003%. Son valores muy bajos como para que nuestras cosas se eleven en el espacio y más aún para las ambiciones del señor Cavor, cuyo sueño sigue siendo una empresa tecnológicamente difícil o mejor dicho imposible. No obstante esto, ambos campos son suficientes para crear dos importantes fenómenos: la deformación de las aguas (mareas) y la de la Tierra misma.

Table 1.1

INTENSIDAD DEL CAMPO GRAVITATORIO SOBRE LA SUPERFICIE TERRESTRE		
Astro que genera el campo	m/seg^2	Gramos fuerza/ kg masa
La Tierra sobre si misma	9.83	1,000
La Luna	3.32×10^{-5}	0.0033
El Sol	5.95×10^{-3}	0.0585

El primero es mucho más notorio que el segundo, pero seguramente sorprenderá a más de uno, saber que la deformación de la Tierra debida a las acciones gravitatorias se produce cada doce horas y es del orden de treinta centímetros. ¿Y los demás astros? ¿Tienen influencia sus campos gravitatorios sobre nosotros? La contestación es que su incidencia es poco significativa. Para la empresa del señor Cavor, el panorama que presenta el resto de los astros es mucho menos alentador que el de la Luna y el Sol. El que crea el mayor campo gravitatorio sobre la faz de la Tierra es Júpiter, que es el astro de mayor masa del Sistema Solar, unas 318 veces mayor que la masa de la Tierra y su campo gravitatorio sobre nosotros es 42 millones de veces más pequeño que el propio de la Tierra.

El menos importante es Plutón, cuyo campo gravitatorio sobre nuestra Tierra es un billón de veces más pequeño que el propio de la Tierra. De manera entonces que las acciones gravitatorias de los planetas sobre la superficie terrestre, bien pueden despreciarse a los efectos prácticos y más aún para quienes quieran imitar las aventuras del excéntrico señor Cavor. Sin embargo, nos podemos quedar tranquilos, ya que ningún astro nos puede "sacar cosas" de la Tierra y llevárselas por su mera acción gravitatoria.

c. Cuánto vale la fuerza del Sol

Table 1.2

Fuerza de gravedad del Sol sobre los astros En trillones de Toneladas fuerza (1 TT_f = 10^{18} Kg_f)	
Mercurio	1,320
Venus	5,580
Tierra	3,610
Marte	166
Júpiter	42,300
Saturno	3,740
Urano	142
Neptuno	70
Plutón	2

Los astros giran alrededor del Sol en órbitas elípticas, cuyas excentricidades, o sea su alejamiento de una forma circunferencial perfecta, no son significativas. Recordemos que cuanto menor sea la excentricidad de una órbita más elíptica será su forma. Es por esto que la apariencia de las órbitas de esos "vagabundos", llamados planetas es casi circular, salvo los casos de Mercurio y Plutón cuyas excentricidades son iguales a 0.21 y 0.25 respectivamente. ¿Cuánto vale la fuerza de gravedad del Sol? Por lo que vimos en el punto anterior, los campos gravitatorios en el Sistema Solar son muy débiles, pero si multiplicamos los valores del campo del Sol sobre cada astro, por su masa, nos sorprenderá la enorme cantidad de ceros que aparece y sacaremos la conclusión de que las fuerzas de gravedad del campo solar son gigantescas. Por favor no confunda fuerza de gravedad con campo gravitatorio. La medida de este último no es una fuerza sino una fuerza por unidad de masa o una aceleración. Como dijimos antes, los campos gravitatorios del Sistema Solar son débiles pero no las fuerzas que generan.

Table 1.3

Valor del campo gravitatorio de cada astro referido al de la Tierra	
Sol	27.7
Mercurio	0.4
Venus	0.8
Tierra	1.0
Marte	0.4
Júpiter	2.6
Saturno	1.1
Urano	1.0
Neptuno	1.4
Plutón	4.0
Luna	0.16

La Tabla 1.2 da los valores promedio de las fuerzas gravitatorias ejercidas por el Sol sobre los planetas. Es notoria la importancia de la fuerza de atracción del Sol sobre Júpiter, a pesar de la distancia que los separa (unos 778 millones de Km). Esta gran amplificación del efecto gravitatorio se debe a la gigantesca masa de Júpiter.

De manera entonces, puede decir más de un lector, que la fuerza más débil del Universo, la gravedad, esconde en realidad una potente capacidad de amplificarse. Y no se equivoca. ¿La causa? El gigantismo de las masas que crean o reciben la "débil" acción gravitatoria. No debe sorprendernos entonces que la gravedad sea la que regula el alejamiento de las galaxias y el destino del Universo, que hoy se supone puede ser la expansión indefinida o la contracción, seguida de un nuevo big-bang y así sucesivamente en ciclos de miles de millones de años.

d. Cuanto pesamos en otros astros

Si además de poder ir a la Luna, pudiéramos viajar a otros astros de nuestro Sistema Solar, la Ley de Gravitación Universal nos dice que nuestro peso en ellos será diferente al que tenemos en la Tierra. La magnitud de este cambio lo da la Tabla 1.3, que indica el número por el que tenemos que multiplicar nuestro peso en la Tierra, para obtener su valor en el otro astro. En algunos casos, como en Marte o la Luna por ejemplo, gozaremos de ese bajo peso que tanto anhelamos al vernos en un espejo, y en otros, como en el Sol o en Júpiter, quedaremos destruidos por la fuerza gravitatoria o nos moveremos como débiles paquidermos.

Imagínese una persona que pesa 80 kilogramos en la Tierra, pues en el Sol pesará ¡2,216 kilogramos! Es fácil imaginar que esas pobres piernas, acostumbradas a soportar 80 kilogramos, les será imposible aguantar un peso de más de dos toneladas. Lo más probable es que colapsen al igual que el resto de la estructura ósea. Claro que en nuestro viaje imaginario al Sol comenzaremos a sentir el efecto de su gravedad mucho antes de llegar a él. Mediante la Ley de Gravitación Universal es fácil calcular que a una distancia de casi 3 millones de kilómetros de la superficie solar, sentiremos que pesamos tanto como en la Tierra. A partir de ese entonces nuestro peso comenzará a crecer de manera tal que mucho antes del llegar a la superficie solar ya habremos muerto aplastados por la tremenda gravedad de esa estrella, que aquí en la Tierra nos da la vida, pero allá arriba nos destruye por su gravedad o su temperatura. Y para hacer más dantesco este escenario, recordemos que nuestros huesos se calcinarán a poco que salgamos de la Tierra y apuntemos nuestra nave al Sol directamente. De manera que la gravedad no será nuestra causa de muerte en tan desatinado viaje.

En cambio en Mercurio, Marte o la Luna, disfrutaremos de la liviandad que hemos visto en las filmaciones que hicieron los astronautas de sí mismos, ya sea navegando por el espacio o caminando sobre la superficie de la Luna. En esta última el peso de una persona equivale al 16% de su peso en la Tierra.

e. Un viaje gravitatorio a las antípodas

Un viaje a las antípodas requiere volar unos 20,000 kilómetros. Si vamos en un avión de pasajeros normal, sin hacer escalas, este viaje insume unas 24 horas de vuelo. Nos preguntemos ahora si es posible hacerlo en menos tiempo, viajando por un túnel imaginario que atraviese la Tierra hasta nuestras antípodas. Vamos a suponer que podemos construir tal túnel atravesando a la Tierra de un lado a otro y pasando por su centro. La verdad es que se trata de una condición muy exigente, pero como estamos haciendo un poco de "gravedad aventura", imaginaremos que hemos construido tal túnel.

La Tierra se formó hace unos 5,000 millones de años y en su núcleo hay principalmente hierro y níquel a una temperatura de unos $3,000^0C$. Se supone que el intenso calor interno de nuestro planeta pudo haber sido provocado por elementos radioactivos que, aunque en pequeña cantidad, fueron suficientes para calentar su núcleo a semejante temperatura, como si fuera un microondas. Para no lidiar con las altas temperaturas internas de la Tierra, imaginaremos que nuestro túnel tiene una gruesa pared de material refractario, que impide la transferencia de calor hacia su interior. Podríamos decir que dentro de él tenemos una temperatura agradable.

Bien, con un poco de imaginación, ya tenemos nuestro túnel construido. ¿Cómo hacemos para pasar a través de él y así llegar a nuestras antípodas? Muy simple: saltamos a su interior. Y ahora es justo que alguien comente: "¡Cuidado! La fuerza de gravedad nos llevará violentamente y podemos salir del otro lado eyectados como un misil". Bueno la verdad es que las cosas no son tan graves. Veamos el porqué: a medida que caemos, cada vez tenemos menos masa terrestre que nos atrae y por lo tanto, nuestra aceleración irá disminuyendo linealmente, hasta que en el centro de la Tierra llegaremos a una aceleración cero, lo que no quiere decir velocidad cero. De acuerdo a las leyes del movimiento de Newton pasaremos el centro terrestre por acción de la inercia que llevamos y ni bien lo hayamos dejado atrás, la gravedad aparecerá nuevamente. Esta vez se opondrá en forma creciente a la continuación de nuestro viaje hacia el otro extremo del túnel. Como resultado de la oposición entre nuestra inercia y la fuerza de gravedad, nuestro movimiento dejará de ser acelerado como lo fue durante la primera mitad del viaje y pasará a ser retardado. Y como resultado, cuando lleguemos al otro extremo de la Tierra, nuestra aceleración será nula y nuestra velocidad también.

Al llegar a nuestras antípodas, nuestra cabeza se asomará sobre el suelo y en ese momento debemos aferrarnos al borde, para no caer nuevamente y retornar de igual manera hacia el punto de partida. Como ven, si no nos sostenemos fuertemente al llegar a nuestro destino, y suponiendo que el rozamiento con el aire del túnel es despreciable, comenzaremos a ir y volver por éste de manera continua, sin que nada pueda parar este vaivén gravitatorio.

¿Cuánto tiempo ha durado nuestro viaje? ¿A qué velocidad máxima hemos viajado y cuál fue su velocidad promedio? Para contestar estas preguntas debemos resolver algunas sencillas ecuaciones de la Cinemática elemental y la Ley de Gravitación Universal. Ellas nos dicen que el tiempo total del viaje será de 42 minutos, la velocidad llegará a un asombroso máximo de 28,400 Km/hora, que se producirá justo cuando pasemos por el centro de la Tierra y la velocidad media será de 18,117 Km/hora. No hay dudas que un viaje en avión puede ser más cómodo que saltar por un túnel que atraviesa la Tierra, pero piense también en el tiempo que Ud. se ahorra y todo lo que puede hacer durante él, una vez llegado a sus antípodas.

f. La debilidad de nuestro campo gravitatorio

Las descripciones que hemos hecho sobre los fenómenos gravitatorios de nuestro Sistema Solar, son válidas también en otros sistemas del Universo, en la medida que éstos tengan campos gravitatorios de intensidad equivalente. Los campos del Sistema Solar se los considera débiles en comparación a otros que hay en el resto del Universo, a pesar de que vimos que hay esfuerzos que valen trillones de toneladas.

¿Qué sucede en campos gravitatorios más intensos? Esta pregunta ya no la podemos contestar con la Ley de Gravitación Universal de Newton, porque ésta deja de ser válida a medida que aumenta la intensidad del campo. En este caso, la vieja fórmula newtoniana comienza a arrojar errores y no explica fenómenos que sólo son destacables en presencia de campos gravitatorios intensos.

En éstos es necesario aplicar otra teoría, que afortunadamente ya la tenemos: la Relatividad General. Si bien su concepción sobre la curvatura del espacio-tiempo no es fácilmente entendible por el sentido común y sus fórmulas son sensiblemente más complejas que la de Newton, no podemos soslayarla ya que ha demostrado ser correcta. Debemos entonces recurrir, inevitablemente, a esta teoría de Einstein si queremos entender los que sucede fuera de nuestro Sistema Solar.

De manera pues que la atracción que sobre nosotros ejerce la gravedad no termina aquí. Debemos seguir nuestra aventura gravitatoria pues apenas la hemos comenzado.

g. Flotando en los puntos de Lagrange

Más de un lector, y con toda razón, se preguntará si existe algún lugar del espacio en el que la fuerza de gravedad es nula. Pensemos primero un ejemplo sencillo; la Tierra atrae a la Luna y ésta a la Tierra. Imaginemos ahora un viajero que va en una nave de la Tierra hacia la Luna. Y con esto no estamos imaginando nada del otro mundo, puesto que el hombre ya pisó la Luna hace unos cuarenta años. Pero resulta que a medida que nos alejamos de la Tierra la fuerza de atracción de ésta se debilita más y más, en forma inversamente proporcional al cuadrado de la distancia, de acuerdo a la ley de gravitación universal de Newton. Y llegará un momento en que la atracción de la Tierra dejará de sentirse y comenzará a actuar sobre nuestro viajero imaginario la atracción de la Luna. Existe por lo tanto un punto en el trayecto de la Tierra a la Luna en la que las fuerzas de ambos astros están equilibradas. En ese punto, nuestro viajero no sentirá fuerza gravitatoria alguna debido a este equilibrio. En él, una nave podría quedarse flotando sin ser atraído por la Tierra ni por la Luna, aunque con algunas restricciones que veremos a continuación.

Pero este ejemplo es una descripción demasiado simplificada, ya que las acciones gravitatorias son más complejas y en realidad existen cinco puntos sin gravedad creados por la Luna y la Tierra. Más aún, estos cinco puntos no son exclusivos de la Luna y la Tierra, sino que se producen en todos los casos en el que un astro se encuentra en órbita alrededor de otro, cuya masa es sensiblemente superior a la del primero, como es el caso del Sol y de cualquiera de los planetas del Sistema Solar.

Empecemos por la historia de estos puntos, recordando que Lagrange fue premiado en varias oportunidades por la Academia de Ciencias de París. Pero en una de ellas compartió el premio con Euler con un tema realmente interesante para el conocimiento del Universo. Era el año 1772 y ambos estaban interesados en resolver el problema de la determinación de las trayectorias de tres cuerpos que se atraen mutuamente. Este problema no es simple. Más aún, su solución general es imposible, pero afortunadamente existen soluciones particulares, varias de ellas descubiertas por Lagrange. Éste resolvió el llamado "caso restringido" de los tres cuerpos, que consiste en asumir que la primera masa es mas de 25 veces superior a la primera y que la tercera masa es prácticamente despreciable frente a las otras dos.

Los estudios de Euler y Lagrange descubrieron que si un astro gira alrededor de otro y existe un tercero cuya masa es muy inferior a la de los dos primeros, se crean puntos en el espacio donde no hay gravedad. Euler descubrió tres de esos puntos y Lagrange los cinco que existen, a los que describió en su famosa memoria; "Ensayo sobre el problema de los tres cuerpos", dedicado a la órbita de la Luna. Es por esto que estos puntos de gravedad cero se llaman puntos de Lagrange o puntos L en su honor. Las investigaciones de ambos científicos fueron publicadas y premiadas con 5,000 libras para Euler y otras tantas para Lagrange, por la Academia de Ciencias de París, en aquél año de 1772. Con toda razón alguien dudará que sea posible encontrar un lugar en el Universo donde no haya gravedad, ya que la ley de Newton no pone límites al campo gravitatorio creado por una masa,

EL CÓDIGO CÓSMICO   89

por muy pequeña que ésta sea. Y la observación es correcta. Según la ley de gravitación universal, una masa de cualquier valor crea siempre un campo gravitatorio de extensión infinita, si es que el espacio ocupado por el Cosmos tiene semejante tamaño. Esto nos lleva a pensar que la gravedad existe en todos los puntos del Universo, lo cual es correcto.

¿Qué son entonces los puntos L? Muy simple; son puntos en los que las acciones de la gravedad sobre una masa ubicada en ellos, mas la fuerza centrífuga de tal masa debida a su movimiento orbital, se equilibran mutuamente, resultando que en ese punto ningún cuerpo está atraído o repelido por fuerza alguna. El resultado es que esta tercera masa se queda "flotando" en el espacio a una distancia constante de las otras dos masas y girando en sincronía con ellas y alrededor del punto L en el que se encuentre. La Figura 1.9 muestra la ubicación relativa de estos puntos creados por el Sol y la Tierra. En este caso una masa que esté sobre un punto L gira alrededor del Sol a la misma velocidad angular que la Tierra, para que la mencionada sincronía sea posible.

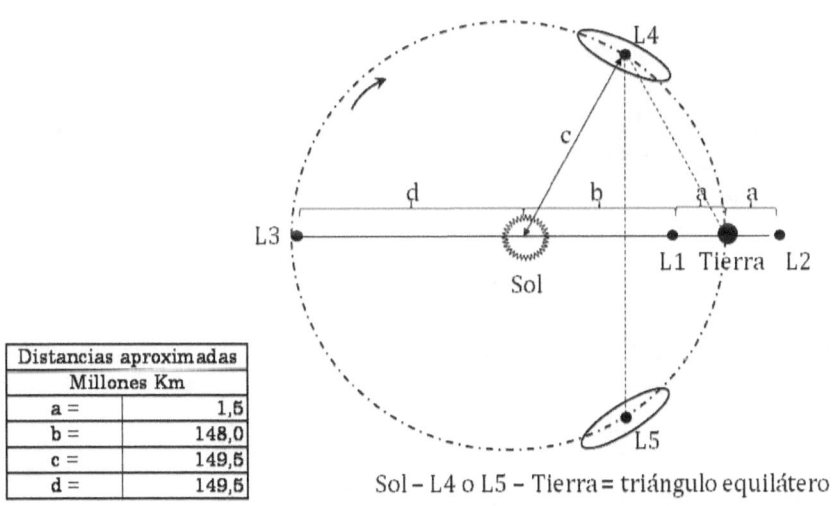

Distancias aproximadas	
Millones Km	
a =	1,5
b =	148,0
c =	149,5
d =	149,5

Sol - L4 o L5 - Tierra = triángulo equilátero

Figura 1.9. Puntos L del Sol y de la Tierra

Los puntos L1, L2 y L3, son inestables. Esto significa que cualquier perturbación que sufra una masa, colocada en cualquiera de ellos, hace que aquélla se aleje del punto en cuestión y sin ninguna posibilidad de retorno, a menos que otras fuerzas, como pueden las creadas por los motores de una nave, le sean aplicadas para que vuelva al punto L del que salió. Este retorno requiere entonces un gasto en combustible. No obstante es posible poner satélites en órbita alrededor de estos puntos, cuya trayectoria se verá como una figura de Lissajous, a raíz de la combinación de sus movimientos orbitales alrededor de la masa mayor y del punto L en cuestión.

En cambio, los puntos L4 y L5 son estables, no sólo en cada punto sino en una región a su alrededor. Cualquier perturbación puede desplazar a la masa que esté en ellos, pero aquélla retornará sin necesidad de fuerzas externas a su posición inicial. La estabilidad de la posición queda entonces asegurada sin necesidad de gastar combustible.

La consecuencia física de la existencia de estos puntos, es que en L4 y L5 hay una tendencia a que se junten masas de polvo estelar y asteroides en ellos y queden allí "estacionados", siguiendo una trayectoria orbital. Pero desde un punto de vista técnico, los puntos de Lagrange presentan la interesante posibilidad de poner en ellos satélites de observación del Universo. Y así se ha hecho.

El punto L1 es ideal para estacionar en él un observatorio del Sol, ya que nunca será eclipsado por la Tierra. Es por esta razón que en 1978 se envió a ese punto L el satélite ISEE-3 (International Sun Earth Explorer), el que luego se ha reemplazado por el satélite SOHO (Solar and Heliospheric Observatory).

El punto L2 es un verdadero "palco avant scene" para observar el Cosmos, aunque un satélite orbitando a su alrededor estaría expuesto cíclicamente a las radiaciones solares directas y a la sombra de la Tierra. Estos ciclos térmicos producirían problemas de medición ya que los instrumentos son siempre sensibles a las variaciones de temperatura. No obstante, se ha colocado en L2 el satélite WMAP (Wilkinson Map Anisotropy Probe). Este satélite se encuentra girando alrededor de L2 desde el año 2001 de manera que en su trayecto se ha minimizado su exposición a los ciclos térmicos que mencionamos antes. WMAP ha hecho importantes contribuciones al conocimiento de la cosmología del Universo, como es su curvatura promedio, su edad (13.7 mil millones de años), etc. El éxito de sus observaciones hace que existan otros satélites en proyecto, para completar la acción de este satélite. Ellos son el satélite Planck, la sonda de prueba Gaia, el Telescopio Espacial James Webb y el Observatorio Espacial Herschel. El sitio de Internet de la NASA da detalles realmente interesantes de todos estos proyectos y descubrimientos, lo que hace recomendable su visita.

El punto L3 nos resulta invisible porque siempre está atrás del Sol. Se trata de una región del espacio altamente inestable, debido a que las acciones gravitatorias de otros planetas superan a las de la Tierra y por lo tanto "empujan" cualquier objeto que se encuentre en este punto L. Venus por ejemplo, se aproxima cada 20 meses a este punto, a una distancia de unos 45 millones de kilómetros. Véase nuevamente la Figura 1.9 para tener una idea de lo que significa esta distancia. Y como todo lugar ignoto y remoto despierta la imaginación del ser humano, no han faltado científicos que han supuesto la existencia de un planeta, conocido como Planeta X, que sería un hermano de la Tierra. Y lógicamente, la ciencia ficción, sea en libros, cines o televisión, ha explotado el tema y ha imaginado la existencia no sólo del Planeta X, sino de sus "amenazadores" habitantes. Y hasta allí ha llegado el aporte del punto L3 a la vida del hombre. Ha despertado la imaginación y entretenido, que no es poco.

Se ha observado que en los puntos L4 y L5 se ubican algunas de las lunas de Júpiter. Dado que éstas tienen nombre de héroes de la épica guerra de Troya, tal como Aquiles, Patroclo, Héctor, etc., a estos astros se los conoce como "troyanos". Para no mezclar bandos enemigos, los asteroides que están en L4 tienen nombres de los súbditos de Príamo. En cambio, en el punto L5 se han asignado nombres de los súbditos de Agamenón. Es poco probable que Homero hubiera imaginado el destino que tuvieron los nombres de los héroes de su Ilíada.

En Neptuno se ven también asteroides en los puntos L4 y L5 y dos de las lunas de Saturno; Dione y Tethys tienen dos asteroides cada uno en esos puntos.

12. Algo para recordar sobre los campos gravitatorios

Haya o no recibido su golpe de manzana en la cabeza, lo cierto es que Newton llegó a la conclusión que la gravedad es una fuerza que actúa a distancia y que la generan las masas bajo la forma de un campo de fuerzas llamado "campo gravitatorio". La intensidad de este campo es simplemente el valor de la fuerza de atracción por unidad de masa atraída. Los campos gravitatorios se miden en términos de fuerza por unidad de masa atraída, lo que finalmente resulta ser una expresión de la aceleración del cuerpo dentro de ese campo gravitatorio. En la Tierra estamos sometidos al campo gravitatorio de ésta que vale 9.8 metros/segundo^2 o bien 9.8 Newton/Kg masa, o también 1 Kg fuerza/Kg masa. El primer valor es el que conocemos como la "aceleración de la gravedad" y todo estudiante de escuela secundaria sabe que aquel valor es la aceleración a la cual caen los cuerpos, cualquiera sea su naturaleza y desde cualquier altura. Esa aceleración se mantiene constante a lo largo de todo el trayecto de caída de un cuerpo, pero no así su velocidad de caída que aumenta a medida que aquél cae.

A lo largo de la historia, el hombre no siempre ha conocido las causas primarias de los fenómenos naturales, lo que ha motivado que enunciara principios que son parcialmente verdaderos o totalmente equivocados. En tales casos, esas teorías son sostenidas y aceptadas hasta que otras las sustituyen por tener mayor capacidad de explicación y de predicción de los fenómenos. Así ha sucedido con las teorías gravitatorias; la clásica, sostiene desde el siglo XVII que la naturaleza del fenómeno de la gravedad se debe a fuerzas de atracción causadas por la acción de masas y su modelo matemático predice con cierta exactitud las trayectorias de los cuerpos en campos gravitatorios. Poco más de doscientos años después de la aparición de la teoría clásica, la relativista propuso que la causa primaria de la gravedad no es la generación de fuerzas de atracción por la acción de masas, sino la curvatura del espacio-tiempo por la acción de aquéllas. Y sobre la base de este concepto la Relatividad General propone ecuaciones que predicen las trayectorias y otros fenómenos asociados con la gravedad, con mucha mayor exactitud que la teoría clásica. La consecuencia entonces parece evidente; la gravedad se debe a las masas y se manifiesta curvando el espacio-tiempo y no mediante fuerzas de atracción como dedujo Newton. Y esta idea, hasta este inicio del siglo XXI que estamos viviendo, no ha sido invalidada por ninguna otra teoría. Es por eso que podemos considerar que la relativista es una teoría más exacta (evitaremos decir "más válida") que la clásica. No obstante, la teoría clásica tiene una poderosa capacidad de predicción toda vez que se trate de campos gravitatorios de intensidad moderada, como los que existen en el Sistema Solar. De hecho, sus ecuaciones y conceptos se siguen aplicando exitosamente en muchos campos, dando resultados más que aceptables para las necesidades de la tecnología que los utilice.

Las fuerzas de la gravedad tienen, como los fenómenos eléctricos, una fuente de energía potencial que las genera y que está distribuida en el espacio. Esta energía potencial es de "origen másico" es decir que se genera por una simple "acción de masas", ya sea que éstas estén en reposo o en movimiento respecto del cuerpo sobre el cual actúan. Como se trata de una energía potencial distribuida en el espacio, las fuerzas actuantes derivan del gradiente de los potenciales que hay en él y por lo tanto son conservativas o sea que no disipan calor. Además son fuerzas centrales, puesto que siempre pasan por el centro de gravedad de las masas que producen la distribución de la energía potencial. Teóricamente, una masa crea una distribución de potenciales gravitatorios en todo el Universo, excepto en el infinito. Sin embargo, su energía sólo es significativa a cierta distancia, puesto que su acción disminuye rápidamente con ella.

No sabemos exactamente porque una masa atrae a otra, aunque hay algunas explicaciones en la Mecánica Cuántica, basada en el intercambio de partículas llamadas gravitrones, los que tendrían masa cero y serían portadores del "mensaje de la gravedad". Este mensaje viajaría a la velocidad de la luz de una masa a otra, aunque posiblemente la llamada "teoría de las cuerdas" sea la más firme "candidata" a explicar el origen de la gravedad, o al menos a acercarnos a su enigma.

Las ideas que llevaron a la ley de gravitación universal y los hombres que trabajaron para hacerla posible, necesitaron siglos de maduración. Sería injusto decir que solamente aquéllos cuyas vidas hemos comentado brevemente, tuvieron el mérito de haber desentrañado la extraña fuerza de la gravedad. Simplemente ocurre que no podemos en el alcance de este libro agregar los muchos otros que contribuyeron también a desarrollar nuestro conocimiento de la teoría de la gravedad. Vaya entonces nuestro homenaje a todos ellos.

Capítulo 2

LA JORNADA DE 1905, EL "ANNUS MIRABILIS"

De absoluto a relativo. Las ideas y los tiempos que cambiaron el tiempo

---

Se demostrará que la introducción del "éter lumínífero" es superfluo considerando que el punto de vista aquí desarrollado no requiere de un "espacio estacionario absolutamente" que tenga propiedades especiales, ni asigna un vector velocidad a un punto del espacio vacío en el que toman lugar procesos electromagnéticos.

A. Einstein

Introducción a su trabajo "Sobre la Electrodinámica de los cuerpos en movimiento" del 30 de Junio de 1905.

Desde 1687, fecha en que Newton publicó su Philosophiae Naturalis Principia Mathematica, y hasta fines del siglo XIX la ciencia era un "mecanismo de relojería" perfecto, que obedecía a un tiempo y un espacio absolutos. Ningún fenómeno dejaba de explicarse usando este aparato intelectual tan perfecto. Pero en esos tiempos "el reloj", orgullo del intelecto humano, comenzó a fallar a consecuencia de una ciencia nacida en el siglo XIX; el Electromagnetismo. Las meditaciones de un físico aislado de la comunidad científica, Albert Einstein, permitieron encontrar donde estaban las fallas de la Mecánica Clásica, muy sutiles pero trascendentes por cierto. Corría el año 1905 cuando aquel físico en soledad, publicó cinco trabajos que sacudieron a la Ciencia. Había llegado el "annus mirabilis".

Figura 2.1. Einstein en su infancia

Albert Einstein, ya estaba doctorado en Física, era empleado en la Oficina de Patentes de Berna para ganarse la vida. En ella se ocupaba de corroborar si las solicitudes de patentes tenían razón de ser o eran sueños incumplibles de sus autores. No obstante este medio de vida, en ningún momento olvidó su vocación por la ciencia y es por eso que en 1905 envió al prestigioso Annalen der Phisik de Alemania, cinco artículos para su publicación, que cambiaron completamente la concepción física del mundo. Los títulos originales de ellos fueron:

a. Sobre un punto de vista heurístico sobre la producción y transformación de la luz. 17 de Marzo de 1905

b. La determinación de dimensiones moleculares. Tesis doctoral del 30 de Abril de 1905. Fue enviada una versión con pocos cambios a Annalen der Physik para su publicación. Se publicó en Enero 2006.

c. Sobre el movimiento requerido por la teoría molecular cinética del calor de pequeñas partículas suspendidas en líquidos estacionarios. Mayo de 1905

d. Sobre la electrodinámica de los cuerpos en movimiento. 30 de Junio de 1905

e. ¿Depende la inercia de un cuerpo de su contenido de energía? 27 de Septiembre de 1905

Y como estos títulos no son realmente felices para darnos cuenta del contenido de estos artículos, entonces digámoslos en palabras simples, de lo contrario no veremos con claridad el impacto que tuvieron en nuestras vidas. Ellos fueron, respectivamente, las bases de:

a. El efecto fotoeléctrico. Por este estudio y otras importantes contribuciones Einstein recibió el premio Nobel de Física en 1922

b. Cálculo del número de Avogadro (volumen de un mol) y tamaño de las moléculas, sobre la base del movimiento molecular en una solución.

c. El movimiento de los átomos, de cuya existencia real algunos científicos dudaban. Este trabajo combina la teoría cinética de los gases con la hidrodinámica clásica para demostrar que el movimiento browniano depende de la raíz cuadrada del transcurso del tiempo.

d. La Teoría de la Relatividad Especial, que cambió completamente nuestra concepción del espacio y el tiempo

e. La equivalencia entre masa y energía, la cual sentó las bases de la energía atómica

Nada menos... y en sólo seis meses. No en vano 1905 se llama el "annus mirabilis" de Einstein.

La historia de Einstein empezó en Alemania cuando nace en 1879 en el seno de una familia de clase media. Su padre tenía un taller de electromecánica, que lamentablemente no tuvo éxito, y en ese taller Einstein tomó contacto con el Electromagnetismo de manera práctica. Los negocios no dieron gran resultado y la familia se fue a Italia, dejando a Einstein en Alemania para seguir sus estudios. La verdad es que pasó corto tiempo antes que Albert se apareciera en Italia en busca de su familia. No soportaba el régimen escolar en Alemania. Después de un tiempo se fue a Suiza donde su personalidad comenzó a desarrollarse con una fuerte inclinación hacia las ciencias exactas.

Cuando terminó sus estudios universitarios se casó con la que fuera su primera esposa; Mileva Maric, una serbia que también estudiaba Física. Antes del casamiento, ella había quedado embarazada y se volvió a su país a tener su hija. La verdad es que este es un pasaje oscuro de la vida de Einstein, ya que aparentemente las difíciles condiciones económicas en que vivían Mileva y él los obligaron a entregar su hija a terceros. No se sabe exactamente que fue de la vida de esa primera hija y Einstein poco o nada habló de ella en el resto de su vida.

Sus penurias económicas eran tantas que le hicieron considerar la posibilidad de tocar el violín en la calle. Fue en ese entonces en que por medio de un amigo consiguió un empleo en la Oficina de Patentes de Berna, y fue en esa oficina donde concibió sus cinco trabajos de 1905. La fama que le dieron los trabajos de su "annus mirabilis" le permitieron renunciar a su trabajo en Berna y dedicarse solamente a la ciencia, aunque en esos tiempos su fama estaba solamente restringida al ámbito científico. Después de esto y ya siendo padre de dos hijos se divorció de Mileva y después de varios años volvió a casarse.

Cuando diez años después, en 1915, publicó su Relatividad General y ésta se comprobó después de terminada la Primera Guerra Mundial, pasó a una fama internacional sin precedentes. No es seguro que esta fama le resultara cómoda, pero al menos le permitió viajar y convertirse en una personalidad mundial que además de ser científico bregaba por la paz mundial. En 1922 recibió el Premio Nobel y a comienzos de la década de los años treinta abandonó Alemania para siempre, cuando la torpeza del nazismo lo incluyó en la lista de indeseables simplemente por ser judío.

Pasó el resto de sus días en Princeton, viviendo tranquilamente y dedicado a un sueño, todavía hoy imposible, que es el desarrollo de una teoría única que explique todos los fenómenos físicos según un cuerpo de doctrina único o teoría del Campo Unificado. Falleció en 1955 por una falla cardíaca, su cuerpo fue cremado y sus cenizas se desparramaron en un lugar desconocido.

Pocos hombres han sido capaces de desarrollar en soledad una teoría tan compleja como la Relatividad General, razón por la cual hay quienes dicen que es la más grande creación del genio humano. No es seguro que esto sea así, pero de cualquier manera la obra científica de Einstein es un hecho fuera de lo común en la historia de la humanidad.

1. Los principios de la hermosa Mecánica

Resumamos lo que vimos en el Capítulo anterior para poder entender el conflicto que se desató en la ciencia a fines del siglo XIX. Este conflicto afectó las bases de la Mecánica, que eran muy simples y algunas de ellas casi intuitivas, por lo que nunca habían sido puestas en duda. Recordémoslas:

a. El espacio y el tiempo son absolutos. Nada podemos hacer para modificarlos mediante acciones externas. Cualquiera sea el sistema desde el cual se los mide la distancia entre dos puntos del espacio o entre dos instantes de tiempo es siempre la misma. Este era un principio que no necesitaba explicaciones; se lo aceptaba antes de comenzar a leer cualquier libro de Mecánica.

b. El absolutismo del espacio y del tiempo implica que existe el reposo absoluto y que hay una sustancia absolutamente quieta; el éter. Éste tenía una forma gaseosa e inundaba todo el Universo.

c. Las leyes de la Mecánica son siempre las mismas, cualquiera será el sistema de referencia desde el cual se observa un fenómeno. Es el Principio de Relatividad que enunció Galileo. Las observaciones y leyes físicas se pueden convertir a otro sistema de referencia mediante las fórmulas de la transformación de Galileo. Podemos agregar que este grupo de ecuaciones es producto del puro sentido común más que de complejas deducciones Matemáticas.

d. La naturaleza no ofrece ningún límite para la velocidad a la que se puede viajar. Con medios tecnológicos adecuados es posible viajar a velocidades superiores a la de la luz.

Estas bases son perfectas para describir cualquier fenómeno físico. Lamentablemente los descubrimientos en el Electromagnetismo destruyeron ese mundo ideal de la Mecánica Clásica. Sin conmiseración alguna, esta nueva ciencia demostró que estas bases estaban equivocadas, excepto el Principio de Relatividad. Pero aún así, ni la tan lógica transformación de Galileo se salvó de ser errónea.

2. El Electromagnetismo desafía a la Mecánica

Eran fines del siglo XIX y conocidas ya las teorías de Newton, Lagrange, Hamilton, Poisson, Maxwell y muchos otros, parecía que en las ciencias de la Mecánica y el Electromagnetismo ya había poco por descubrir hasta que . . . ¡ay! . . . se advirtió que ambas ciencias "en algo" no eran coherentes. Y por supuesto esto no era admisible, ni lo es ahora en el siglo XXI, ni lo será tampoco en los siglos por venir, ya que no es aceptable que dos ciencias se contradigan.

Cuando en el siglo XIX apareció el Electromagnetismo en los experimentos de Faraday, los científicos miraron con asombro esta nueva ciencia. Su aplicación tecnológica no era clara y mostraba la dificultad del estudio de algo invisible. El propio Primer Ministro de Inglaterra Disraeli, ante un requerimiento de fondos para los experimentos del brillante físico escocés James Maxwell (1831-1879), preguntó "¿Para qué puede servir la electricidad?". Hoy podemos exclamar ¡Vaya pregunta!, pero no culpemos a Disraeli por no saber lo que apenas se empezaba a conocer.

Hubo en el Electromagnetismo, como en todas las actividades nuevas del hombre, grupos de pioneros y visionarios, que sin pensar en las aplicaciones tecnológicas y casi sin imaginarlas, exploraron esta ciencia, que al decir de Paul Langevin (1872-1946) "se volvió adulta con Maxwell, Hertz y Lorentz". El primero, usando una elegante disciplina matemática; el Análisis Vectorial, describió los fenómenos que relacionan los campos eléctricos y magnéticos con el tiempo y el espacio mediante cuatro, hoy famosas, ecuaciones vectoriales. Esta fama llega a la ropa de los jóvenes, ya que pueden verse "T-shirts" con el siguiente texto: "And God said: . . ." y a continuación están las cuatro ecuaciones de Maxwell.

El Doctor Heinrich Rudolph Hertz (1857-1894) de la Universidad de Berlín, un discípulo de Helmholtz y brillante estudioso de la teoría de Maxwell, transmitió ondas electromagnéticas por primera vez en la Historia de hombre. Esto lo hizo entre 1885 y 1889 en el Instituto Politécnico Karlsruhe. La posibilidad de la transmisión de ondas está contenida en las ecuaciones de Maxwell, quien lamentablemente falleció antes de saber que su teoría se había confirmado. Si bien Maxwell hizo una buena predicción, el honor de transmitirlas en la práctica por primera vez y sentar así las bases de las modernas Telecomunicaciones, le cupo a Hertz. Sus experimentos lo llevaron a concluir que la luz y el calor tienen la misma naturaleza que las ondas electromagnéticas.

La joven ciencia se presentaba apasionante para el científico del siglo XIX y lógicamente se buscaba con ahínco su relación con la Mecánica. Más aún, se pretendía encontrar una explicación al Electromagnetismo sobre la base de la Mecánica. El mismo Maxwell sostenía, aunque sin poderlo demostrar totalmente, que los fenómenos del Electromagnetismo debían ser susceptibles de interpretaciones mecánicas.

Y en esta búsqueda pronto comenzaron a aparecer síntomas de conflicto entre la Mecánica y el Electromagnetismo. Se veía claramente que la transformación de Galileo no conservaba la forma de las ecuaciones de los fenómenos electromagnéticos, lo que equivalía a decir que no se cumplía el Principio de Relatividad. La conclusión era cuando menos desconcertante, porque implicaba que los fenómenos electromagnéticos eran diferentes según fuera el sistema desde el cual se los observaba, y esto no coincidía con la visión mecanicista del mundo.

3. La obcecada velocidad de la luz

¿Qué otro conflicto presentaba el Electromagnetismo? Muy simple: éste no admitía que algo pueda superar la velocidad de la luz en el vacío y además requería que tal velocidad sea siempre constante, cualquiera sea la velocidad que tenga quien está midiendo el desplazamiento de un rayo de luz. Y la Mecánica, ¿qué opinaba? Bueno . . . no era una simple opinión la que tenía ésta sino una concepción totalmente diferente, porque sus ecuaciones demostraban que no había límites a la velocidad y por lo tanto que se podía viajar a velocidad infinita.

La velocidad de la luz fue siempre una curiosidad para el hombre y recién en el siglo XIX se conoció su valor con cierta precisión aunque es de destacar que ya había habido algunas mediciones astronómicas que habían dado una aproximación razonable. El físico francés Armand Hippolyte Louis Fizeau (1819-1896), fue el primero en hacer una medición aceptable de la velocidad de la luz, por medio de experimentos no astronómicos. En 1851 intentó detectar, sin éxito, el "éter luminífero" (Lógico, ¡no existía!), aquél que se suponía que hacía de soporte para transportar la luz. El valor exacto de la velocidad de la luz en el vacío es de 299,792,458 m/segundo y en cualquier otro medio es menor a este valor. Por ejemplo en el agua es un 25% menos que en el vacío.

Unos treinta años después de Fizeau, el físico americano, nacido en Alemania, Abrahan Albert Michelson (1852-1931), hizo mediciones de la velocidad de la luz. En 1881 por su cuenta y en 1887 con la colaboración del químico americano Edward Morley (1838-1923). Su objetivo era determinar que la velocidad de la luz se suma a la de su foco emisor, lo que demuestra de paso la existencia del éter, que se suponía que hacía de soporte de la luz y sin el cual la luz no podría viajar. Esta idea surgió por analogía con el sonido. Éste no puede viajar en el vacío; requiere de una sustancia soporte, como el aire por ejemplo, porque se propaga por ondas de compresión.

La velocidad de la luz se representa mediante la letra c y es interesante hacer una breve nota histórica sobre el origen de esta designación. Esta letra fue usada por primera vez en 1896 por el distinguido físico alemán Paul Drude (1863-1906), quien posiblemente la tomó de un trabajo del físico alemán Wilhelm Eduard Weber (1804-1891), un gran investigador de la Electrodinámica, la estructura eléctrica de la materia y la medición de campos magnéticos. Éste la había usado para designar una constante igual al producto de la velocidad de la luz por $\sqrt{2}$. El hecho que además la palabra latina celeritas haga referencia a velocidad, fue consolidando el uso de c para designar la velocidad de la luz, desde comienzos del siglo XX. La verdad es que no se sabe a ciencia cierta si fue esta relación lingüística o las nomenclaturas usadas por Weber y Drude o una mezcla de ambas causas, lo que finalmente "oficializó" a c como la velocidad de la luz.

Medir esta velocidad c fue siempre una ilusión del hombre. Y no fue fácil porque la tecnología, durante muchos siglos, fue más que rudimentaria para capturar el instante en que un punto luminoso pasa por un lugar y luego por otro. Recién en el siglo XIX aparecieron medios tecnológicos que pudieran medirla, con los resultados desconcertantes que hemos visto. Lógicamente existía una gran desconfianza a las mediciones que se habían realizado. Más adelante veremos que esta obstinada constancia de la velocidad de la luz echó por Tierra la idea de que tiempo y espacio son absolutos. ¡Nada menos que "eso"!

La base del experimento de Michelson era hacerlo usando a la Tierra como soporte del foco emisor. Se sabía ya que la Tierra se mueve a una velocidad de 30 Km/segundo. Y antes de seguir piense a la velocidad que viajamos arriba de este astro que es la Tierra: 108,000 Km/hora. No hay vehículo hecho por el hombre que llegue a estas velocidades. La gravedad, la más débil de las cuatro fuerzas conocidas, si lo consigue.

Volvamos a Michelson. El pensó que si emitía un rayo de luz en el sentido del movimiento de la Tierra, este rayo se movería, según decía la Mecánica y el sentido común, a la velocidad propia de la luz en el éter mas la de la Tierra. De acuerdo con la transformación de Galileo, la velocidad resultante debería ser la suma de ambas, o sea: 300,000 + 30 = 300,030 Km/segundo. Luego pensó que si se repite el experimento pero en dirección transversal al movimiento de la Tierra, la velocidad de esta última no tendría que manifestarse de ninguna manera.

Sin embargo su decepción fue grande porque los 300,030 Km/segundo esperados cuando se arrojaba el rayo de luz en el sentido del avance de la Tierra, no aparecían. En su lugar se medía nuevamente una velocidad igual a 300,000 Km/segundo. ¿Y el "impulso" que debía manifestarse con los 30 Km/segundo adicionales debidos a la velocidad de la Tierra? No había respuesta a esta pregunta. Michelson procuraba medir esta velocidad relativa de 30 Km/segundo, mediante un ingenioso aparato basado en el fenómeno de la interferencia de la luz. El resultado del experimento, que fue realizado de muy diferentes maneras, arrojó una velocidad relativa nula en vez de los esperados 30 Km/segundo y por lo tanto fue decepcionante. La luz demostraba tener siempre la misma velocidad, independientemente de la velocidad del foco emisor.

**Figura 2.2. Einstein cuando trabajaba en la
Oficina de Patentes de Berna (Suiza)**

Michelson, científico mecanicista indudablemente, creyó que había hecho mal las cosas y hasta llegó a pedir disculpas por los resultados obtenidos. Curiosamente, esos resultados fueron el gran éxito del experimento, porque demostraban que el éter no existía y que si a la velocidad de la luz se le agrega la velocidad de su fuente emisora, se obtiene nuevamente la velocidad de la luz. Es decir que ésta es la más alta velocidad posible en el Universo. Pero la comunidad científica no hizo esta interpretación. Ocurría también que hacer esto era como buscar la falla de algo que nunca había fallado: la sólida transformación de Galileo. Y así era; se buscaba una fisura en un gigantesco dique de concreto. Nada de esto le quita méritos al malhadado científico del siglo XVI. No nos equivocamos si decimos que él también en el siglo XIX se hubiera unido a la búsqueda de un grupo de fórmulas que mantenga la velocidad de la luz constante, cualquiera sea el sistema de referencia desde donde se la observe.

La velocidad de la luz así como la de cualquier radiación electromagnética, depende solamente de dos constantes físicas, que son invariantes respecto del sistema desde el cual se las mida: la permitividad eléctrica y la permeabilidad magnética del medio en que se desplazan. Estos dos parámetros físicos suenan muy difíciles pero son dos conceptos más que sencillos. El primero expresa cuan fácilmente puede un campo eléctrico establecerse en medio de una sustancia. Esto nos dice que hay sustancias más fáciles que otras para establecer un campo eléctrico. El segundo parámetro es análogo. Él mide la facilidad con que se establece un campo magnético en una sustancia. Intuitivamente sabemos que no hay posibilidad de que un campo magnético exista dentro de la madera, pero si dentro de un metal ferroso.

Pues bien, una sencilla ecuación del Electromagnetismo demuestra que la velocidad de la luz sólo depende de estas dos propiedades físicas, que son absolutas y propias del medio en que se desplaza, de donde se puede inferir la constancia de su velocidad en un mismo medio. La conclusión es entonces que si la velocidad de la luz sólo depende de dos propiedades físicas del medio en el que se desplaza, entonces no hay manera que desde sistemas diferentes se observen valores diferentes de su velocidad.

El desconcierto provocado por las consecuencias de la constancia de la velocidad de la luz era significativo. ¿Estaban mal las ecuaciones de Maxwell? ¿No era válido el Principio de Relatividad? ¿Estaba mal la sencilla transformación de Galileo? ¿Se equivocaba Michelson con su experimento de medición de la luz? No había respuestas. Y así la controversia entre ambas ramas de la Física se asentó en la comunidad científica internacional, sumiéndola en un debate que no mostraba salidas.

4. La solución de la controversia

La solución a la contradicción de las dos ciencias apareció en 1905, y de acuerdo a ella salió ganando . . . . el Electromagnetismo. Entonces . . . ¿se habían equivocado Galileo, Newton, Laplace, Hamilton, Lagrange y así sucesivamente? Afirmar eso sería una gran injusticia con aquellos gigantes de la Ciencia. La verdad es que lo que finalmente surgió en el siglo XX no les quitó mérito alguno a quienes construyeron la Mecánica Clásica. Lo que descubrió un empleado de la Oficina de Patentes de Berna, Suiza, fue que la constancia de la velocidad de la luz implicaba que las ecuaciones de la Mecánica no son exactas, sino "aproximadamente" exactas. A medida que las velocidades se aproximan a la de la luz, ellas comienzan a arrojar errores, tanto mayores cuanto más alta sea la velocidad que se trate. Es justo anticipar que para el rango de velocidades en que se desenvuelve nuestra vida cotidiana, las fórmulas de la Mecánica tienen una precisión asombrosa y más que suficiente para nuestras necesidades tecnológicas.

El empleado en cuestión era Albert Einstein (1879-1955) y su trabajo fue publicado con un nombre poco feliz: "Sobre la Electrodinámica de los Cuerpos en Movimiento". Después, este nombre no trascendió significativamente y hoy se conoce aquella publicación de 1905 como Teoría de la Relatividad Especial. Este término fue acuñado por Karl Ernst Ludwig Marx Planck (1858-1947); conocido simplemente como Max Planck, en 1908. Él lo hizo así debido a la importancia del Principio de Relatividad en el trabajo mencionado de Einstein. Esta denominación nunca le gustó a Albert y seguramente que a muchos otros tampoco. Y como dijimos antes, además le opacó a Galileo la gloria de haber sido el primer relativista de la historia.

Las consecuencias del artículo de Einstein de 1905 fueron profundas porque golpeó los cimientos de la Mecánica Clásica. Además demostró una relación hasta entonces desconocida; que la energía y la masa son equivalentes, concepto que dio origen a la tecnología atómica.

Claro está que cuando la Mecánica Clásica comenzó a presentar tales fisuras, también lo hizo uno de sus riñones más conspicuos: su teoría gravitatoria. ¿Y qué explicación traía la Relatividad Especial sobre la gravedad? La verdad es que ninguna. Más aún, la gravedad no estaba considerada por la Relatividad Especial, porque ésta sólo es válida para sistemas y cuerpos que se mueven a velocidad uniforme y no aceleradamente como sucede en los campos gravitatorios. Sin embargo, ya veremos que sobre la base de sencillos razonamientos relativistas se descubrió que la gravedad no se comportaba exactamente como lo establecía la Mecánica de Newton y esto fue uno de los comienzos de una teoría gravitatoria asombrosa y exacta: la Relatividad General.

5. El pensamiento relativista

Entendamos la Relatividad Especial, haciendo un recorrido por su historia. La exposición que sigue respeta esta idea, lo que obliga a presentar nuevamente ciertos conceptos y hechos históricos de la Física ya mencionados antes, pero pido paciencia a lector y espero que asuma los aspectos repetidos como una buena manera de entender mejor lo que la gravedad hace en este Universo.

Los primeros pasos para sacar la Física del atolladero que le produjo el Electromagnetismo, los dio en 1897 el físico irlandés Joseph Larmor (1857-1942), aunque su investigación estuvo restringida a los fenómenos electromagnéticos en el átomo. En aquel año, Larmor publicó un trabajo en el que mostraba un grupo de ecuaciones para transformación del espacio y el tiempo y que hoy conocemos como transformación de Lorentz. Sobre esta base matemática, Larmor predijo la dilatación del tiempo para electrones en movimiento. ¿Qué significa que el tiempo se dilata? Simplemente que un reloj ubicado sobre tales electrones atrasa respecto del nuestro. Esto significa que sobre esos electrones, el tiempo fluye más lentamente. Larmor también predijo la contracción de los espacios para cuerpos cuyos átomos estuvieran retenidos por fuerzas electromagnéticas. Pero no piense que la contracción de los espacios significa que se acortan los electrones. Lo que significa esta contracción es que "se los ve" acortados.

Dos años después, ya en 1899, el físico holandés Hendrik Antoon Lorentz (1853-1928), quien recibiera el premio Nobel por su teoría sobre el comportamiento del electrón, publicó un trabajo en el que usaba el mismo grupo de ecuaciones publicado por Larmor, para demostrar que aquél mantenía la covariancia de las ecuaciones de Maxwell. Era una buena noticia, porque entonces el Principio de Relatividad también se cumplía en el Electromagnetismo, aunque no por medio de la transformación de Galileo sino con otra totalmente diferente. En 1905, el brillante matemático y físico francés Jules Henri Poincaré (1854-1912) denominó a este grupo de ecuaciones la "transformación de Lorentz" y así Larmor perdió la gloria de que sus ecuaciones llevaran su nombre.

En ese mismo año, Einstein también dedujo las mismas ecuaciones que la transformación de Lorentz, sin conocer los trabajos de Larmor y Lorentz, y las publicó en su famoso artículo "Sobre la electrodinámica de los cuerpos en movimiento". Sin embargo, Einstein nunca reclamó como propias las ecuaciones de esta transformación y en cambio siempre le reconoció a Lorentz su autoría. De todos modos, rindamos un justo homenaje a Larmor porque tuvo el mérito de haber sido el primero en determinar las ecuaciones de transformación de tiempo y espacio, teniendo en consideración la absoluta constancia de la velocidad de la luz.

Otro aspecto notorio de la transformación de Lorentz era que el tiempo y el espacio no son absolutos y no es posible por lo tanto asegurar que algo está absolutamente quieto o absolutamente en reposo. Por lo tanto el éter no podía existir. Como dijo Einstein en su trabajo de 1905, el concepto de éter era totalmente superfluo. Lorentz lo entendió perfectamente, pero hasta el fin de su vida no estuvo totalmente convencido de la inexistencia del éter.

Pero la transformación de Lorentz traía algo más en "su canasta", que era que cualquier fenómeno que viajara a velocidad superior a la de la luz no podía existir. Y por añadidura demostraba que los cuerpos que se trasladaban a altas velocidades, aparentaban acortarse en el sentido de su movimiento, hasta que a la velocidad de la luz, su longitud se reducía a cero. Este fenómeno se lo conoce ahora como "contracción de Lorentz" o "contracción de los espacios". Algunos científicos creían erróneamente que había una contracción molecular del cuerpo, la que motivaba su apariencia de menor longitud a altas velocidades.

Y no sólo había sorpresas con el espacio en la transformación de Lorentz. Ésta también demostraba que hay dos tiempos diferentes. Uno en el sistema donde está el observador, digamos en su reloj y otro en el objeto o sistema en movimiento, siendo este último más lento en transcurrir que el primero. Lorentz registró estos hechos que surgían de sus propias fórmulas e interpretó que el tiempo del sistema móvil era una simple expresión matemática sin sentido físico real y con respecto a la contracción del espacio, asumió que realmente ésta existía debido a una contracción de las moléculas del objeto observado. En ningún momento pensó que un reloj colocado en el sistema móvil atrasaría respecto de un reloj colocado en el sistema estacionario. ¿Por qué pensó así? Porque creía que el tiempo y el espacio eran absolutos en sí mismos. Su formación mecanicista le impedía aceptar que el transcurso del tiempo dependería de la velocidad a la cual se traslada un reloj.

Como vemos, poco antes del annus mirabilis de Einstein se estaban descubriendo con "lápiz y papel" los primeros fenómenos relativistas, aunque sin darles una interpretación correcta. Podríamos decir, sin temor a equivocarnos, que en aquellos años de fines del siglo XIX los físicos sabían mucho más que en décadas pasadas, pero con un cierto grado de confusión, ya que Mecánica y Electromagnetismo parecían ver el mundo de maneras diferentes.

6. Conclusiones después de la crisis

Y ésta era, en forma muy resumida, la situación de la Física en 1905 cuando Albert Einstein, desde su puesto de empleado de la Oficina de Patentes en Berna, comenzó a pensar en el conflicto Mecánica-Electromagnetismo, sin haber conocido la existencia de la transformación de Lorentz. En aquellos años la difusión del conocimiento no estaba potenciada como ahora por los medios de comunicación. El resultado de su pensamiento fue la Teoría de la Relatividad Especial (o Restringida), válida solamente para sistemas en movimiento uniforme.

En honor a la verdad hay que decir que muchos otros físicos estuvieron muy cerca de las conclusiones a las que llegó Einstein, entre ellos y de forma indiscutida Jules Henri Poincaré. Sin embargo, la Historia le ha dado el mérito a Einstein porque supo interpretar mejor la relación entre la constancia de la velocidad de la luz, el Principio de Relatividad y la transformación de Lorentz.

Pero sepamos que Poincaré postuló en 1904 lo que él llamó el Principio de Relatividad y que no es otro que el que Einstein adoptara también un año después. Además, Poincaré también aseguró que dado que los experimentos de Michelson no encontraron pruebas ni de la existencia del éter ni de la relatividad de la velocidad de la luz, ésta no podía ser superada por ningún otro agente físico, cualquiera sea su naturaleza. Su conclusión fue también lógica y acorde con su originalidad y penetrante intuición. Por lo tanto era necesario elaborar una nueva teoría física de la Dinámica, que respete la constancia de la velocidad de la luz y el Principio de Relatividad. Y así Poincaré puso un pie sobre la Teoría de la Relatividad, pero no avanzó más sobre ella, hasta que leyó los trabajos de Einstein. Pero ya era tarde. La gloria le fue negada, aunque siempre reclamó como suya a la Teoría de la Relatividad. De cualquier modo debemos a Poincaré nuestro reconocimiento y admiración por su importante avance científico aunque no haya llegado tan lejos como lo hizo Einstein.

Se puede resumir en forma muy sencilla el "sustrato básico" del pensamiento relativista mediante el siguiente diálogo imaginario de Einstein con un periodista:

Periodista: (con notorio aire científico) Profesor Einstein, sabemos que hay un conflicto en la Física. ¿En dónde está la verdad? ¿En la Mecánica o en el Electromagnetismo?"

Albert Einstein: ¡No hay conflicto! Lo que sucede es que la Mecánica tiene fórmulas y ecuaciones que están "aproximadamente correctas" y no "exactamente correctas". El Principio de Relatividad de Galileo es válido también para el Electromagnetismo, pero el grupo de transformación correcto, tanto para Mecánica como para Electromagnetismo, no es el de Galileo sino el de Lorentz. La razón es muy simple: este último respeta el principio natural de la constancia de la velocidad de la luz y esta velocidad es la máxima que puede obtenerse en el Universo.

Periodista: (algo confundido) Vaya... la velocidad de la luz parece ser nuestra más rápida posibilidad de viajar entonces. ¿Es así?

Albert Einstein: Ud. lo ha dicho y así es. Estos conceptos destruyen la idea del mecanicismo sobre la posibilidad de alcanzar una velocidad infinita y establecen además que la transformación de Galileo es una muy buena aproximación, válida solamente para velocidades muy inferiores a la de la luz.

Periodista: (ya más animado por su acierto) De acuerdo a lo que Ud. dice no se necesita modificar las teorías y ecuaciones de Maxwell.

Albert Einstein: Efectivamente, ellas son correctas y no requieren cambios. Las de la Mecánica si necesitan "un ajuste".

Periodista: (feliz de ver un traspiés en la ciencia) Entonces hay fallas en la Física y en especial en la Mecánica ¿qué cambios requiere ésta?

Albert Einstein: Es necesario desarrollar nuevas fórmulas para la Cinemática y para la Dinámica que tengan en cuenta los "efectos relativistas". Pero éstos sólo son significativos a velocidades próximas a la de la luz. Además, hay que modificar el concepto de reposo, porque dado que el tiempo y el espacio son relativos, la velocidad también lo es y por lo tanto no hay forma de determinar el movimiento absoluto. Es decir que el reposo absoluto no existe.

Periodista: (alelado por la última frase) Muchas gracias Profesor Einstein. Con gusto leeré sus trabajos (nunca los leyó y es comprensible en su profesión)

7. El cambio del espacio-tiempo

Con el artículo de Einstein de 1905 se habían derrumbado dos siglos de pensamiento mecanicista y con ellos caían también las concepciones filosóficas del Universo en el que vivíamos. La magnitud de los "efectos relativistas" a altas velocidades, mostraba fenómenos no imaginados ni siquiera por la ciencia-ficción. Los filósofos se comenzaron a preguntar: Entonces... ¿cómo es realmente el mundo en que vivimos? ¿Será que durante siglos sólo percibimos una parte de él? ¿Qué nos falta por descubrir aún de este Universo, que ahora resulta ser una casa desconocida? ¿Cómo es posible que no se pueda saber si algo está en reposo absoluto? Estas preguntas hoy tienen respuestas, pero no fue fácil hallarlas en aquellos años de comienzos del siglo XX.

Los efectos relativistas que más conmovieron al mundo científico estuvieron relacionados con el carácter relativo del tiempo. El mismo Einstein explicó que falló muchas veces en la búsqueda de la solución del conflicto Mecánica-Electromagnetismo, porque no podía abandonar la idea de un tiempo absoluto. En una oportunidad dio una explicación de cómo llegó a la solución diciendo: "... hasta que se me ocurrió que el tiempo era el sospechoso". Lo que indica que fue lo último que al sentido común se le ocurre pensar.

Los experimentos le dieron la razón en todo: el tiempo no fluye al mismo ritmo. Si observamos un viajero que se mueve próximo a la velocidad de la luz, veremos que su reloj se mueve mucho más lentamente que el nuestro. Más aún: ¡envejece menos que nosotros! Es decir que viajar a velocidades próximas a la de la luz es una manera de no lamentarse junto a Rubén Darío con aquello de: "Juventud, divino tesoro . . .".

La relatividad del espacio también era una gran novedad, porque un viajero que va a altas velocidades se lo ve acortarse en el sentido de su movimiento, aunque él no lo advierta. Por supuesto que la suposición de la contracción molecular hecha por Lorentz y otros antes del "annus mirabilis" no era válida: los cuerpos no se acortan, sino que se los "ve" acortados, lo cual es un mundo más lógico.

Otra consecuencia importante de la Teoría de la Relatividad fue la desaparición del concepto de absoluto para la simultaneidad de dos sucesos. En ese sentido, la cinemática relativista muestra que dos fenómenos simultáneos para un grupo de observadores, pueden no serlo para otro y hasta es posible, bajo ciertas circunstancias, que la secuencia entre dos sucesos se invierta cuando se los observa desde otro sistema.

Nuevamente es justo que reconozcamos los méritos de aquellos que intuyeron los fenómenos relativistas, antes que el mismo Einstein. Ya dijimos que no podemos dejar de lado a Poincaré, quien en 1898 publicó un artículo sobre la medición del tiempo, en el cual llama la atención sobre la imposibilidad de asegurar la igualdad de dos intervalos de tiempo. Y como consecuencia importante, su trabajo concluye que la simultaneidad no es absoluta. Dicho de otra manera; eventos que se ven simultáneos desde un sistema, pueden no serlo desde otro en movimiento respecto del primero. Y esto es Física relativista de la más pura estirpe.

En 1904 Poincaré vuelve a asombrar con su conferencia en el Centro Internacional de Ciencias y Artes en Saint Louis, cuando le da un significado físico al tiempo medido por un reloj ubicado en un sistema en movimiento (tiempo propio) y no meramente matemático como había hecho Lorentz. Con esta certera interpretación Poincaré presentaba la dilatación del tiempo al mundo científico y él mismo estaba ya traspasando los límites de la Mecánica Clásica.

Pero aún no da el salto total hacia la Relatividad porque sostiene que los cuerpos en movimiento realmente se acortan. He ahí un paso que no dio: la contracción del espacio vista desde otro sistema. Digamos que se quedó con la idea equivocada de que los cuerpos sufrían una compactación de su masa en el sentido de su movimiento. Finalmente, Poincaré augura el nacimiento de una nueva Física donde la velocidad de la luz es un límite universal; no se equivocaba. Sin duda alguna que Poincaré tenía sus razones cuando reclamaba la autoría de la Relatividad Especial, aunque es justo decir que no llegó a tener una visión interpretativa completa como la de Einstein.

8. La más famosa: $E = m.c^2$

Einstein reformuló la Cinemática y la Dinámica de la Mecánica y fue en la Dinámica donde hizo el sensacional descubrimiento de que la masa y la energía son equivalentes. Es decir que la masa es algo así como "energía solidificada" y la relación entre ambas hace que muy poca masa equivalga a grandes cantidades de energía. Su célebre fórmula $E = m.c^2$, donde E es energía, m la masa y c^2 el cuadrado de la velocidad de la luz, cuantifica esta poderosa relación que dio origen al entendimiento y aplicación de la energía atómica. Con esta ecuación Einstein fusionó para siempre a la energía con la masa. Y así la humanidad se encontró con que vivía en un mundo con posibilidades que nunca antes había imaginado, algunas de ellas maravillosas y otras francamente horrorosas.

Veamos un ejemplo práctico para tener idea de la gigantesca energía contenida en la materia. Si suponemos que fisionamos 1 kilogramo de materia ¿Cuánta energía liberamos de acuerdo a la ecuación $E = m.c^2$? ¡Nada menos que el equivalente a 150 millones de barriles de petróleo! Y cualquiera que tenga idea de los consumos de petróleo en el mundo, se dará cuenta que es posible alimentar el consumo mundial de petróleo durante dos días (en el año 2000), con sólo fisionar un kilogramo de materia.

Esta ecuación no es la culpable del dolor que ha traído su aplicación a la tecnología bélica; los hombres lo son. En los aciagos días de la Segunda Guerra Mundial, Einstein ya vivía en EE.UU. Los nazis se habían ocupado, estúpidamente, de echarlo de Alemania. La idea de aplicar la equivalencia entre masa y energía para construir una bomba atómica no le era ajena a Einstein. Y como convencido pacifista que era decidió advertir al entonces Presidente de EE.UU. Franklin D. Roosevelt, de la posibilidad que Alemania fabricara semejante arma. Le escribió cuatro cartas.

La primera de ellas es la de contenido más original y data del 2 de Agosto de 1939, un mes justo antes del inicio de la guerra, pero lamentablemente llegó a las manos de Roosevelt el 2 de Octubre de 1939, cuando la invasión alemana a Polonia ya era un éxito y un futuro desastre total. Las otras cartas son una repetición de los argumentos de la primera. La segunda y la tercera están fechadas el 7 de Marzo de 1940 y 25 de Abril de ese mismo año respectivamente, evidenciando una cierta ansiedad por el tema. La cuarta data del 25 de Marzo 1945, es una recomendación al Presidente Roosevelt de recibir a Szilard, alegando que éste tiene algo importante para proponerle, en relación al uso del uranio en la defensa nacional. Roosevelt nunca leyó esta carta porque falleció a fines de Abril de ese mismo año, cuando el proyecto Manhattan ya estaba en marcha. Por el sentido de la carta pareciera que Einstein no sabía de esta acción del Gobierno de los EE.UU.

La primera carta de Einstein es un interesante y cuidadoso memo sobre las posibilidades de la energía nuclear y el riesgo de que ellas sean aprovechadas por Alemania, hasta podría haber sido publicada en una revista y la historia no hubiese cambiado . . . siempre y cuando Roosevelt no hubiese estado suscripto a esa imaginaria revista. Para los alemanes, un artículo tal no hubiera sido una novedad ni habrían aprendido nada nuevo sobre física nuclear, salvo el hecho que EE.UU. también conocía el tema, o al menos uno o más de sus científicos.

Figura 2.3. Einstein en sus últimos años

Parece que esta primera carta, por su estilo, fue escrita por Szilard. En ella Einstein informa hechos que eran indicios fuertes de lo que Alemania estaba haciendo o tratando de hacer y hace referencia a las fuentes de uranio. Aquí Einstein demuestra un inusitado conocimiento de la logística para fabricar una bomba atómica, que seguramente no provenía de sus investigaciones sobre el campo unificado que hacía en Princeton, sino de su amigo Szilard. Éste sostenía, con todo acierto, que los científicos debían aceptar la responsabilidad moral de las consecuencias de su trabajo. Y él era un científico de nota; sus ideas contribuyeron a la invención del acelerador de partículas y el microscopio electrónico y al descubrimiento de la reacción en cadenas nucleares lineales entre otros. Curiosamente fue también el inventor del bit. Puso así un "ladrillo" de lo que hoy es Internet y a la cual nunca conoció.

Einstein sugiere además, en su primera carta, que el Gobierno investigue los trabajos de su amigo Szilard y de Fermi y que considere seriamente disponer fondos para continuar las investigaciones. Así Einstein no sólo lo prevenía a Roosevelt sobre las posibilidades de la energía atómica sino que además le recomendaba acciones de estudio técnico y logístico respecto del uranio.

No hay en las cuatro cartas de Einstein explícitas referencias a que EE.UU. "debía" fabricar una bomba atómica sino a que era "posible" hacerla y que Alemania estaba en esa carrera. Cuando Roosevelt leyó la primera carta nombró una comisión para estudiar la carta de Einstein y sus consecuencias. La comisión avanzó muy poco y Einstein fue invitado a conversar con sus integrantes, a lo cual éste se negó. Después vino el proyecto secreto Manhattan.

Las recomendaciones de Einstein estaban destinadas a evitar que Alemania tuviera la bomba atómica. No es seguro si advirtió que EE.UU. estaba en esa carrera. La bomba fue arrojada por primera vez el 6 de Agosto de 1945 sobre la ciudad de Hiroshima. Cuando Einstein se enteró de esto hizo una dolorosa exclamación en alemán: "oh weh". Y poco después supo que una segunda bomba se había arrojado sobre la ciudad de Nagasaki. Hoy, ya lejos de aquella guerra nos preguntamos si realmente era necesario arrojar semejante horror sobre dos ciudades. ¿No hubiera bastado con arrojarla sobre la bahía de Tokyo y así demostrar el poder que se tenía? ¿No hubiera sido esto un acto disuasorio suficiente para traer la cordura? Pero ya es tarde . . . las dos bombas cayeron sobre personas cuya inmensa mayoría eran civiles.

Finalmente: no debemos temerle a la energía atómica sino a los hombres que la usan. En el libro de Einstein, "Mi visión del mundo", se puede leer bajo el subtítulo "Sobre la seguridad de la especie humana" que a su juicio (sic) "El descubrimiento de las reacciones atómicas no tiene porque ser más peligroso para la humanidad que el descubrimiento de las cerillas. Pero debemos hacer todo lo necesario para evitar su mal uso".

9. Invariantes en la Relatividad

La transformación de Lorentz nos ha demostrado que, como consecuencia de la constancia de la velocidad de la luz en cualquier marco de referencia, el tiempo y el espacio son relativos. ¿Significa esto que cualquier magnitud física tiene un valor relativo? La respuesta es simple; no. Hay magnitudes físicas, como la carga eléctrica por ejemplo, que son invariantes respecto de la transformación de Lorentz. No vamos a profundizar en la teoría de los invariantes, pero vamos a destacar a algunos de ellos porque los necesitaremos.

Veamos conceptualmente un ejemplo de invariante: la carga eléctrica. Como sabemos, si en un cuerpo no circula corriente alguna es porque su estructura atómica está en equilibrio eléctrico. Esto significa que hay tantas cargas positivas (protones) como negativas (electrones). Imaginemos ahora que tal cuerpo tiene una temperatura igual a la del cero absoluto. En ese estado carece de agitación térmica. Sin embargo, cuando se lo calienta, sus electrones y núcleos comenzarán a agitarse a una velocidad que dependerá de la cantidad de calor absorbida. Y sucederá que la agitación térmica resultante será mayor en los electrones que en los protones, por ser los primeros mucho más livianos y fáciles de mover que los segundos.

En tal situación la Relatividad Especial establece que, a menos que la carga eléctrica sea un invariante, los electrones y los protones ya no tendrán una igual carga eléctrica, porque se mueven a diferentes velocidades unos respecto de otros. Por lo tanto el equilibrio eléctrico inicial se habría perdido y como consecuencia comenzarían a circular corrientes eléctricas en la masa del cuerpo. Y si esto fuera así viviríamos en un mundo loco. Afortunadamente la carga eléctrica es un invariante y el desatino que hemos descripto no existe. Y así, por el absurdo, hemos demostrado la invariabilidad de la carga eléctrica.

Pero veamos otro invariante de nota: la distancia de Universo. Y aquí le debo pedir paciencia porque tendrá que imaginar un espacio de cuatro dimensiones; tres espaciales y una temporal. Claro que no podrá ni dibujarlo, pero seguramente podrá sacar conclusiones de los siguientes razonamientos:

La Relatividad Especial dice que los espacios se contraen y que eso hace que un cuerpo en movimiento se lo vea más corto. También dice que el tiempo transcurre más lentamente respecto de un cuerpo en movimiento inercial. Tenemos entonces espacio y tiempo fundidos en un solo cuerpo y cuyas variaciones tienen signos opuestos. Digámoslo en forma simple; sucede que a causa de la velocidad relativa de los sistemas de referencia, el espacio se hace más pequeño y el tiempo más grande y esto sucede de manera simultánea. En tal caso, la Relatividad Especial demuestra que estas variaciones, una hacia arriba y otra hacia abajo, se compensan mutuamente, de manera que es posible definir una distancia universal constante dentro de ese cuerpo único que es el espacio-tiempo, la que está formada por una componente espacial y otra temporal.

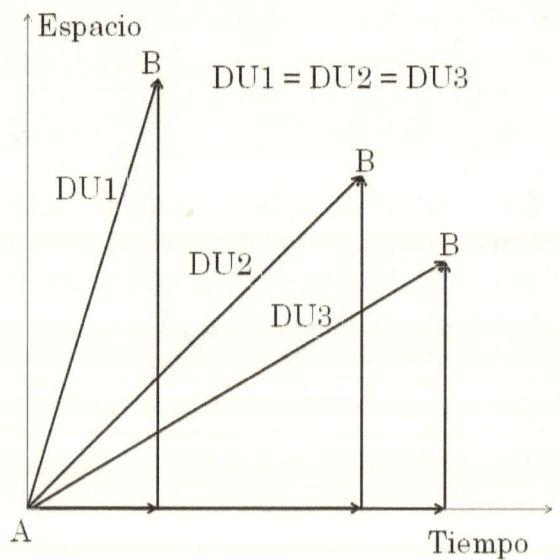

DU = Distancia de Universo
Velocidades del observador:
V1 < V2 < V3

Figura 2.4. Interpretación de la distancia de universo

Esta distancia es llamada "de universo", y su valor es el mismo cualquiera sea el sistema de referencia desde el cual se la mida. Se la puede interpretar gráficamente de una manera simple. Imaginemos un mundo en el que hay solamente una dimensión espacial, al cual explicaremos sobre la base de la Figura 2.4. La distancia de universo entre dos eventos A y B no simultáneos, es una hipotenusa formada por dos catetos; el tiempo y la distancia. El tiempo es el intervalo entre ambos eventos y el espacio es la distancia que los separa. Desde un sistema que se mueve a una cierta velocidad se observan a A y a B según muestra el triángulo azul, cuya distancia de universo es DU1. Sin embargo, desde un segundo sistema, que se mueve a una velocidad mayor que la del primero, la Relatividad Especial dice que observará un intervalo de tiempo mayor (dilatación del tiempo) y una distancia menor (contracción del espacio). Para interpretar esto, compárense los catetos de los triángulos cuyas hipotenusas son DU1, DU2 y DU3. Sin embargo la distancia de universo, que en este caso es DU2 se mantiene constante. Y así sucesivamente podemos representar los intervalos de tiempo y las distancias que existen entre dos fenómenos mediante triángulos rectángulos, cuya hipotenusa, la distancia de universo, es siempre constante. Veremos que a medida que aumenta la velocidad relativa entre los fenómenos y el observador, el cateto tiempo va aumentado o "dilatando" y el cateto del espacio se va disminuyendo o "contrayendo". Como consecuencia de esto la hipotenusa o distancia de universo es constante. Y finalmente cuando la velocidad sea igual a la de la luz, lo que se representa mediante una flecha horizontal solamente, la distancia espacial entre ambos fenómenos desaparece y el tiempo alcanza su máxima dilatación.

10. El universo de Minkowski

En 1908, la célebre conferencia del matemático lituano Hermann Minkowski (1864-1909), antiguo profesor de Einstein en Zurich, introdujo nuevos conceptos del mundo de la Física Relativista y aparecieron expresiones tales como: "línea de universo", "continuo espacio-tiempo", "espacio de cuatro dimensiones", "distancia de universo", etc. ¿Qué sucedió? Que cuando en 1905 se demostró que el espacio y el tiempo son relativos, también se demostró que están íntimamente relacionados. Inexorablemente, la contracción de un espacio conlleva la dilatación del tiempo asociado y ambos fenómenos se producen siempre simultáneamente. Como consecuencia de esto, Minkowski propuso dejar de lado la idea mecanicista de un espacio y un tiempo separados y absolutos y en cambio fundir ambas nociones en un solo cuerpo: el espacio-tiempo, que no es otra cosa que ¡un espacio con cuatro dimensiones! Tres dimensiones espaciales (altura, ancho y longitud) y una temporal.

Minkowski percibió la íntima relación del espacio con el tiempo y la posibilidad de que una Geometría en cuatro dimensiones explicara en gran medida los fenómenos físicos. De hecho estableció la interpretación del Electromagnetismo sobre la base de un espacio de cuatro dimensiones. Su labor fue intensa y productiva. Lamentablemente falleció siendo joven aún (44 años) en Enero de 1909, poco después de su famosa conferencia de 1908.

El concepto de espacio-tiempo, como elemento o "sustancia" básica del Universo en que vivimos, se incorporó definitivamente a la Física a partir de aquel año de 1908. De la misma manera que Einstein había hecho la fusión entre masa y energía, Minkowski lo hizo con el espacio y el tiempo. A partir de ese entonces, una nueva Cinemática y también una nueva Dinámica, comenzaron a describir los movimientos de los cuerpos en el espacio-tiempo. La vieja noción de trayectorias en el espacio de tres dimensiones establecida por la Mecánica, apareció de pronto "aproximadamente" correcta, pero no "totalmente" correcta, porque le faltaba la concepción de una cuarta dimensión íntimamente unida a las tres primeras; el tiempo.

Sin embargo, el espacio-tiempo plantea un problema práctico no resuelto aún. ¿Cómo imaginar un espacio de cuatro dimensiones? ¿Cómo dibujarlo? Desde un punto de vista matemático, la representación gráfica de un espacio de cuatro dimensiones, requiere que se dibuje un sistema de cuatro ejes espaciales, todos perpendiculares entre si, lo cual es imposible. Afortunadamente se han desarrollado ramas de la Geometría para más de tres dimensiones, cuyas fórmulas permiten trabajar espacios n-dimensionales.

En el caso del universo de Minkowski es suficiente una geometría de $n = 4$ y así fue posible desarrollar una nueva física, más próxima a la realidad que la newtoniana, en la cual la Geometría ha demostrado que puede describir fenómenos físicos completos por sí misma. Nuevamente se asombraron los intelectuales y filósofos ante esta curiosa conjunción de dos ciencias, aparentemente sin conexión alguna, que de pronto muestran una íntima unión en la estructura misma del Universo.

Para quienes recuerdan el viejo teorema de Pitágoras en el plano (cuadrado de la hipotenusa igual a suma de los cuadrados de los catetos), les resultará interesante saber que el mismo teorema es aplicable al espacio-tiempo, con la diferencia que en vez de haber dos catetos como en el plano o tres en el espacio, ¡hay cuatro! y que la longitud de la hipotenusa así obtenida es totalmente invariante, es decir que su longitud no depende del sistema desde el cual se hacen las mediciones. Tal hipotenusa es la distancia de universo a la que nos hemos referido antes.

Posiblemente habría bastado con decir que en un espacio de cuatro dimensiones se cumple el teorema de Pitágoras igual que en uno de tres dimensiones, y dado que en este último caso la hipotenusa mantiene su valor cualquiera sea la velocidad del cuerpo observado (en la Física Clásica), sucede lo mismo en un espacio de cuatro dimensiones.

El valor de la distancia de universo depende de las coordenadas espaciales y del intervalo de tiempo entre dos sucesos y también de la velocidad de la luz. Por su notable propiedad de ser invariante (tal como es la velocidad de la luz) toma una importancia capital en el desarrollo de la Teoría de la Relatividad Especial y también en la Relatividad General.

11. Reflexiones sobre el conocimiento de la Relatividad

La Mecánica Clásica es sin duda la ciencia sobre la cual se construye la de la Relatividad. No es posible la segunda si no hubiese existido la primera. Sin embargo ambas se basan en dos concepciones diametralmente opuestas: la Mecánica Clásica dice que el espacio y el tiempo son absolutos y que el conocimiento que podemos tomar de ellos es relativo. En cambio la Teoría de la Relatividad establece que el tiempo y el espacio son intrínsecamente relativos, pero que los podemos conocer en forma absoluta.

Dicho de otra manera, Galileo y Newton sostenían que lo que vemos es siempre una apariencia de la realidad y que ésta tiene un carácter absoluto. En cambio, la Teoría de la Relatividad postula que los hechos observados son relativos y que esto no es una apariencia, sino la verdadera esencia física del Universo.

Vale la pena recordar la frase que escribió Ortega y Gasset en su lúcido análisis; "El sentido histórico de la Teoría de la Relatividad". En aquella oportunidad afirmó: "... El relativismo de Einstein es estrictamente inverso al de Galileo y Newton ... Relativismo aquí no se opone a absolutismo; al contrario, se funde con éste y lejos de sugerir un defecto de nuestro conocimiento le otorga una validez absoluta. Tal es el caso de la Mecánica de Einstein. Su física no es relativa, sino relativista y merced a su relativismo, consigue una significación absoluta."

Cuando las velocidades son bajas, hemos visto que las fórmulas de la Mecánica de Newton son suficientemente exactas, pero sabemos que ellas no sirven para velocidades próximas a la de la luz. Es lícito entonces preguntarse; ¿Hay por lo tanto una Física para bajas velocidades y otra diferente para altas velocidades? Nada de eso. La Física es la misma, lo que sucede es que las leyes clásicas no son exactas y que su exactitud se pierde notoriamente a altas velocidades. Entonces sus fórmulas deben ser reemplazadas por otras de mayor complejidad, que son las deducidas por Einstein en su Relatividad Especial. Si bien estas últimas pueden ser aplicadas también en los cálculos que se hacen cuando las velocidades son muy inferiores a la de la luz, su utilización en estos casos sería como "matar una mosca con un cañón".

La Teoría de la Relatividad postula la existencia de entes físicos relativos, como el espacio y el tiempo, pero también postula que hay otros que son invariantes, como la velocidad de la luz o la carga eléctrica. Además establece la existencia de la covariancia en las fórmulas de las leyes físicas, o sea la constancia de la forma matemática de las leyes físicas, cualquiera sea el sistema de referencia desde donde se observe un determinado fenómeno. Por lo tanto, el mundo relativista está formado por elementos relativos, elementos invariantes y fórmulas covariantes. Einstein menciona en su libro "El significado de la Relatividad", a la teoría de los invariantes, a la cual usa intensamente en sus desarrollos físico-matemáticos, con lo cual echa por tierra la concepción vulgar que dice que la Teoría de la Relatividad supone que todo es relativo y nada es invariante.

Algunos han llegado a sostener y otros a creer absurdamente, que Einstein confirmó, mediante su teoría, algunas concepciones filosóficas que suponen que el conocimiento es poco menos que imposible y otras teorías tanto o más extrañas que ninguna relación tienen con la obra de Einstein, quien por otra parte era un místico de la "posibilidad de conocer" sin recurrir a las ciencias ocultas. La Teoría de la Relatividad no es una "teoría de la subjetividad" ni mucho menos, como han pretendido algunos; es una teoría física que ha modificado substancialmente la idea que teníamos sobre el mundo que habitamos y en algunos casos estableció conceptos que se oponen a nuestro sentido común, pero lo hizo con fundamentos teóricos que la experiencia posterior ha corroborado plenamente.

12. Algo para recordar de la Teoría de la Relatividad Especial

¿En qué se basa la Teoría de la Relatividad Especial? Tan sólo en dos simples principios:

a) La velocidad de la luz es un invariante para sistemas en movimiento uniforme. Midiéndola desde tales sistemas se obtiene siempre el mismo resultado. Además, nada en el Universo puede tener una velocidad superior a la de la luz.

b) Todas las leyes físicas son las mismas en los sistemas que se mueven a velocidad uniforme, llamados científicamente como "sistemas inerciales". Esto quiere decir que si el observador se mueve a velocidad constante, respecto del fenómeno que está observando, puede aplicar tranquilamente cualquiera de las leyes físicas, ya que ellas no cambian con la velocidad a la que él se desplaza. Este sencillo concepto se llamó el Principio de Relatividad.

Con estos dos simples principios, Einstein construyó su Teoría de la Relatividad Especial con un cuerpo matemático, que no es difícil de entender. Algunos de sus desarrollos se hacen con elementos sencillos de Álgebra, aunque aquellos correspondientes al Electromagnetismo requieren el manejo de las ecuaciones vectoriales de Maxwell, y más modernamente el de sus expresiones tensoriales.

A pesar de los desarrollos matemáticos que necesita la Relatividad Especial, ésta es fácil de entender, pero . . . ¡ay! . . . es muy difícil de creer. ¿Por qué? Porque sus conclusiones nada tienen que ver con esa Mecánica intuitiva y "hermosa" que aprendimos jugando en la calle o soportando clases de Física en la escuela. La Relatividad Especial nos echa del mundo del sentido común y nos lleva a un universo fantástico como el que Lewis Carroll imaginó para Alicia y justamente en esto consiste su belleza.

La constancia de la velocidad de la luz es un factor fundamental en el increíble mundo de la Relatividad Especial. Podemos hacernos una idea de lo que ella significa si imaginamos que aquélla es igual a 100 kilómetros por hora, una velocidad a la que cualquier automóvil moderno es capaz de llegar. Lógicamente, en ese mundo relativista ningún vehículo puede alcanzar esa velocidad. Pero uno que viaje a 95 Km/hora nos dará la sorpresa que lo veremos más corto. ¿Cuánto menos? Un 69%. Es decir que un automóvil de 3 metros de longitud lo veremos como si tuviera una longitud de 94 centímetros. ¿Y si circulara a 99 Km/hora? Veríamos que su longitud es igual a 42 centímetros. Y por añadidura notaríamos un fuerte achatamiento de los rostros de sus ocupantes que podría hacerlos irreconocibles a simple vista. Pero todo esto desaparecería de inmediato ni bien se detenga el vehículo y, para alivio nuestro, veríamos que sus ocupantes son los de siempre. La contracción de los espacios nos haría vivir en un mundo loco, pero muy probablemente estaríamos acostumbrados a él.

Hagamos un resumen contestando una sencilla pregunta; ¿Qué dice la Teoría de la Relatividad Especial? Mencionaremos solamente cuatro conclusiones muy conocidas y que por su exotismo son usadas con frecuencia por la ciencia ficción (lea a Einstein y luego diviértase viendo Viaje a las Estrellas):

a) Los espacios se contraen con la velocidad. Un misil a velocidades próximas a la de la luz lo veríamos cada vez más corto a medida que crece su velocidad. Y si alcanzara la velocidad de la luz, su longitud sería cero, desaparecería de nuestra vista.

b) El tiempo se dilata con la velocidad (transcurre más lentamente). Es decir que no fluye a la misma velocidad para todas las cosas y seres vivientes. Y esto cuesta creerlo, pero debemos hacerlo, porque está demostrado que si alguien viaja a velocidades próximas a la de la luz, lo veríamos envejecer mucho más lentamente que aquéllos que nos quedemos en la Tierra observándolo. Es probable que nuestro viajero regrese habiendo envejecido un año y en la Tierra haya transcurrido un siglo.

c) La materia contiene energía. Esta energía es proporcional a su masa y al cuadrado de la velocidad de la luz. De aquí surge la famosa ecuación que ha dado la vuelta al mundo holgadamente y que muy pocos desconocen: $E = m.c^2$. La masa m puede ser muy pequeña, pero c^2 es terriblemente elevada, tanto como 90,000,000,000 en el sistema métrico. Y así es como liberando esa energía contenida en la materia, podemos hacer una explosión en Hiroshima, generar electricidad y producir muchas otras aplicaciones... pero esperemos que nunca más sean con fines bélicos. Esta consecuencia de la Teoría de la Relatividad Especial, nos hace pensar que la materia no es otra cosa que "energía en estado sólido". Entonces bien vale la pregunta; ¿puede la energía de un campo como el magnético por ejemplo, actuar como masa y crear fenómenos inerciales o gravitatorios? La respuesta es si y ese fue, en 1905, el tema del artículo de Einstein que siguió al de la Relatividad Especial. Tenía un título sugerente: ¿Depende la inercia de un cuerpo de su contenido de energía?

d) La variación de la masa. La masa es el "coeficiente de inercia" de un cuerpo. Esto quiere decir que la aceleración del cuerpo es igual a la fuerza aplicada dividida por su masa. Nos preguntemos ahora, esta masa... ¿puede ser infinita? Anticipemos la respuesta a la pregunta anterior: la masa de un cuerpo si puede ser infinita. Esto no significa que el cuerpo se hace infinitamente grande (por favor no asocie masa con tamaño). ¿Y cuándo puede ocurrir esto? Muy simple, ocurre cuando le aplicamos una fuerza a un cuerpo que ya viaja a la velocidad de la luz. Sabemos que entonces su velocidad seguirá imperturbablemente igual a 300,000 Km/segundo; o sea que no acelerará. Y si no acelera es porque su "coeficiente de inercia", o sea su masa, tiene un valor infinito. Y si ésta es infinita, cualquiera sea la fuerza aplicada su aceleración será cero. Y esta conclusión es de alta importancia, ya que nos dice que la masa no es un invariante, sino que depende de la velocidad relativa de quien la observa. Además la velocidad observada, desde cualquier sistema de referencia, nunca puede alcanzar la de la luz.

No hay duda que la contracción de los espacios, la dilatación del tiempo, el impresionante contenido de energía en la materia, la variación de la masa con la velocidad y la inercia de la energía son muy difíciles de creer, por más que lo haya dicho Einstein, pero sepamos que todo es absolutamente cierto. De hecho, estos fenómenos han debido tenerse en cuenta en muchas aplicaciones prácticas, especialmente en la Astronáutica, la Tecnología Nuclear y en ciencias de fuerte presencia en nuestra vida diaria como es la Mecánica Cuántica.

Capítulo 3

DE FUERZA A GEOMETRÍA

La fuerza de gravedad no lo explica; hay que curvar el espacio-tiempo

1. Los "ladrillos" relativistas de la Naturaleza

La Tecnología es generalmente producto de la aplicación de la Ciencia. Sin embargo no todas las ciencias son inmediatamente aplicables a una tecnología y entre ellas está la Relatividad General. Ésta no es el caso de la Mecánica Cuántica, a la cual le debemos la existencia de una enorme cantidad de equipos electrónicos, que usamos en nuestro pasar de cada día. ¿Por qué la Relatividad General no nos da nada en nuestra vida diaria? Porque ella es una teoría de la gravitación que sólo se advierte a escalas gigantescas y en campos gravitatorios mucho más intensos que los que estamos habituados a experimentar en la Tierra.

Dentro del Sistema Solar y tan sólo en algunos pocos fenómenos, sucede que la Relatividad General comienza a hacer sentir la importancia de su capacidad para predecirlos y explicarlos. Claro que ellos son tan pequeños que Ud. puede sentirse tentado de decir que esta ciencia es entonces totalmente inútil. Sin embargo, cuando queremos investigar y saber sobre el Universo en el que vivimos, la Relatividad General es una herramienta absolutamente necesaria en nuestro maletín de exploradores galácticos, ya que sus extraños conceptos y ecuaciones han permitido que la Astronomía, la Cosmología y la Astrofísica nos describan significativamente mejor el Cosmos en el que vivimos.

Además diversas aplicaciones astronáuticas ya están recurriendo a sus fórmulas para perfeccionar su tecnología

¿Por qué nace la Relatividad General? Algunas observaciones astrales y otras situaciones teóricas deducidas de la Relatividad Especial, llevan a la conclusión que la gravedad newtoniana "en algo" tiene una falla. Los cálculos de algunas características de trayectorias astrales que no coinciden con la observación y la contracción de los espacios en un experimento imaginario que vamos a describir, nos hacen ver que un campo gravitatorio deforma la geometría de las distancias y retrasa los relojes que hay en él. Casi podríamos decir que la gravedad actúa como una lente deformante de los objetos y el tiempo que vemos dentro de un campo gravitatorio, en el que no estamos. El lector podrá preguntarse si no es esta deformación la que se deriva de la dilatación del tiempo y la contracción de las distancias que explica la Relatividad Especial. La respuesta es no, porque esta última es debida a la velocidad relativa entre sistemas inerciales. En cambio, la deformación de la geometría y el tiempo que mencionamos antes, son debidas solamente a la presencia de un campo gravitatorio. No es necesario que un objeto se mueva para verlo deformado u observar que un reloj retrasa respecto de los que están fuera de él.

Pero antes de ver los síntomas que llevaron a la necesidad de una nueva gravedad, necesitamos conocer la equivalencia que hay entre un campo gravitatorio y un sistema acelerado.

a. Gravedad y aceleración. El Principio de Equivalencia

Empecemos recordando uno de los famosos "experimentos imaginarios" de Einstein, los que se caracterizaban por la sencillez de su explicación y la profundidad de sus conclusiones. Si estamos dentro de una caja cerrada y experimentamos nuestro propio peso gravitando contra el piso de aquélla, es lógico que supongamos que estamos dentro de un campo gravitatorio y que nuestra caja está quieta o moviéndose a velocidad uniforme (ya sabemos por Galileo que el movimiento uniforme es indistinguible dentro del sistema en que estamos moviéndonos).

Sin embargo, si nos asomamos al exterior, es posible que descubramos que en realidad no estamos en un campo gravitatorio sino en un espacio vacío donde no hay gravedad y que una nave nos está arrastrando con movimiento acelerado. ¿Podríamos habernos dado cuenta en cuál de las dos situaciones estábamos antes de asomarnos a través de nuestra caja? La respuesta es clara: no porque la sensación de estar parados sintiendo nuestro propio peso es la misma en ambos casos. Por lo tanto, si no hubiera forma de mirar hacia afuera, no podemos darnos cuenta si la nave en la que vamos está acelerando hacia arriba y por eso nos "pega" contra el piso, o si se mueve inercialmente y estamos en medio de un campo gravitatorio, que también nos "pega" contra el piso. ¿Cuál es la verdad? ¿Y si no hay ventanas cómo contestamos esta pregunta? No sigamos con las preguntas y es mejor olvidarlas porque que nunca podremos saber, desde adentro de nuestra caja cerrada (nuestro sistema), cuál de los dos casos es el nuestro.

Dado que este experimento podemos considerarlo universalmente válido, podemos expresar un Principio de Equivalencia de la siguiente manera: *dentro de un ambiente cerrado no es posible distinguir si éste está acelerado o sumergido en un campo gravitatorio, por lo tanto, gravedad y aceleración son equivalentes.*

Y como consecuencia podemos también decir que *si un sistema de referencia está acelerando, lo podemos reemplazar por un sistema inercial sumergido en un campo gravitatorio, ya que la observación de un mismo fenómeno será igual desde cualquiera de los dos sistemas.* Adicionalmente, hay otro aspecto de la Naturaleza consecuencia del Principio de Equivalencia, que es la igualdad entre la masa pesante y la masa inercial. La Mecánica Clásica ciertamente se había percatado de la igualdad entre masa pesante y masa gravitatoria, pero no había interpretado que esa igualdad era debida a la equivalencia entre aceleración y gravedad. Nadie antes de Einstein había deducido la importante conclusión de la igualdad mencionada.

Cuando una persona está cayendo desde lo alto de un edificio, antes de darse un buen golpe contra el suelo, no se percata de que haya a su alrededor un campo gravitatorio porque no siente la reacción de la Tierra en sus piernas. Cualquier ser vivo solamente siente la gravedad cuando está apoyándose, o en este caso golpeándose, contra el suelo. Esta "imagen gravitatoria" la tuvo Einstein bajo la forma de una idea que él llamó "el pensamiento más feliz de mi vida".

El paso siguiente fue inmediato: la gravedad no puede ser una fuerza, ya que no la sentimos si no estamos apoyados en el piso. En cambio es una aceleración y los cuerpos en caída libre siguen un movimiento inercial. *¿Por*

¿qué sentimos entonces una fuerza contra el piso? Por la resistencia mecánica de éste que nos impide seguir nuestra trayectoria como cuerpos libres en aceleración.

Podemos resumir las consecuencias del Principio de Equivalencia en dos características del fenómeno gravitatorio que nos serán útiles para entender la Relatividad General:

1. Un sistema que se mueve libremente con movimiento acelerado puede ser sustituido por un sistema inercial sumergido en un campo gravitatorio.

2. La gravedad no es una fuerza. Se manifiesta porque los cuerpos se mueven aceleradamente siguiendo trayectorias inerciales (geodésicas) en los campos gravitatorios.

Este Principio es la piedra fundamental de la Relatividad General y ninguna teoría gravitatoria es correcta si no lo cumple. Este principio es el que llevó a descubrir la naturaleza geométrica de la gravedad y al desarrollo de una teoría métrica de aquélla basada en la curvatura del espacio-tiempo.

b. Un síntoma de falla en Mercurio

La órbita de Mercurio, como las de todos los demás planetas ha sido observada y medida detalladamente. En todos los casos se han comparado esas órbitas observadas con las calculadas mediante la ley de gravitación universal y la coincidencia ha sido aceptable excepto en Mercurio. Ni bien nuestra técnica de medición de las posiciones de los planetas llegó a ciertos niveles de excelencia, se descubrió que la trayectoria de Mercurio tiene una rotación de sus ejes algo superior a lo previsto por la Mecánica newtoniana. Esta rotación del eje mayor de la elipse es conocida como precesión del perihelio. De acuerdo a la ley de Newton, la fuerza combinada del Sol y otros planetas próximos a Mercurio, generan una rotación de dicho eje de 531 segundos de arco cada cien años. Sin embargo, la observación indica que esa precesión es mayor: 574 segundos de arco por siglo. Esos 43 segundos de diferencia no pueden ser explicados por la teoría de Newton.

Ni bien se confirmó la existencia de este casi imperceptible fenómeno, hubo, como es lógico suponer, una búsqueda de su explicación dentro de la teoría newtoniana. Los resultados fueron desalentadores; no hay principio físico, ni ecuación en la Mecánica Clásica, que explique y prediga el incremento angular de la rotación de las órbitas planetarias. Más aún: mediante el concepto de fuerza gravitatoria, no hay forma de recrear en ecuaciones esta variación de la precesión. Pero no solamente es la órbita de Mercurio la que presenta precesión de su perihelio. En realidad todos los astros del Universo que sigan trayectorias cerradas (elipses) presentan el fenómeno de la precesión, en mayor o menor medida. En el Sistema Solar, esta precesión es muy pequeña en todos los planetas salvo en Mercurio. Aunque en este caso y en muchos otros, el error de la Mecánica Clásica es pequeño, esto sólo es válido cuando se trata de campos gravitatorios débiles, como los que hay en nuestro sistema solar.

Table 3.1

Precesión de los planetas segundos/siglo	
Mercurio	42,81
Venus	8,61
Tierra	3,81
Marte	1,33
Júpiter	0,0616
Saturno	0,0134
Urano	0,0024
Neptuno	0,0008
Plutón	0,0004

En la Tabla 3.1 se muestran los valores de la precesión de los planetas del sistema solar. Obsérvese que este fenómeno es tanto más notorio cuanto más próximo se encuentre el planeta al Sol. Veremos que la explicación a esto es que la curvatura del espacio es mayor en las proximidades de la masa gravitatoria. Podemos anticipar entonces que la precesión es un fenómeno relativista, debido a la curvatura del espacio producida por las masas.

c. Un síntoma inesperado dicho por la Relatividad Especial
Ahora invito al lector a presenciar un sencillo experimento ideal debido a Einstein, que evidencia también que la gravedad newtoniana tiene alguna falla y que los campos gravitatorios crean un extraño comportamiento del tiempo y el espacio. Imagine Ud. una rueda que puede girar alrededor de su eje como la de una bicicleta, tal como lo muestra la Figura 3.1. Tomamos unas varillas de 1 centímetro de longitud y las colocamos a lo largo de su diámetro y de su circunferencia. Luego de eso contamos la cantidad de varillas colocadas en la periferia del círculo y la cantidad colocada sobre su diámetro. Con sólo recordar los conocimientos de aquella escuela primaria de nuestra niñez, ya sabemos el resultado; la vieja fórmula $L = \pi.D$ nos dice que la cantidad de varillas L colocadas sobre la circunferencia es 3.14 veces mayor que la cantidad que está sobre el diámetro D. Es decir que si sobre el diámetro hay 100 varillas, sobre la periferia habrá 314. Esto es pura Geometría de escuela primaria.

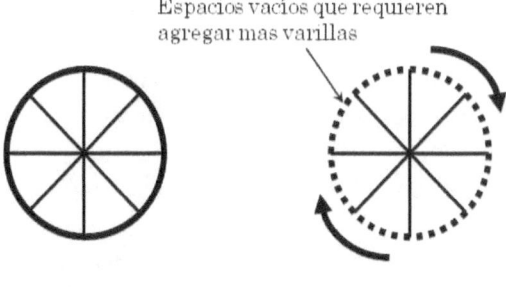

Rueda estática.
Formada por varillas en arco que cubren exactamente la circunferencia

Rueda girando a una velocidad lineal próxima a la de la luz. Las varillas circunferenciales se ven acortadas

Varillas antes de girar:
Circunferenciales / Diametrales = π

Varillas girando, una vez completadas:
Circunferenciales / Diametrales > π

Figura 3.1. Experimento ideal que demuestra la influencia de la gravedad sobre el espacio

Ahora imaginemos que hacemos girar la rueda. Recordemos que un movimiento giratorio es un movimiento acelerado, porque el vector velocidad está cambiando continuamente de dirección. Debido a este movimiento giratorio (acelerado) aparecen dos fenómenos contemplados por la Relatividad Especial. El primero es que las varillas colocadas sobre el diámetro no sufren ninguna alteración porque se mueven perpendicularmente a su longitud. El segundo es que las varillas que están sobre la circunferencia comienzan a experimentar la contracción de Lorentz. Este último fenómeno tiene una importante consecuencia porque, dado que las varillas son ahora más cortas, necesitamos una mayor cantidad de ellas para cubrir la longitud total de la circunferencia. Agregamos ahora idealmente las varillas faltantes y fácilmente comprobaremos que la relación entre la nueva cantidad circunferencial de ellas y la cantidad que está sobre el diámetro ¡ya no es igual a π, sino mayor que este número!

Fin del experimento y saquemos una conclusión; sobre la rueda en movimiento acelerado (giratorio) que estamos observando, no se cumple con una de las relaciones fundamentales de la Geometría euclidiana; L = π.D. Esto significa que si observamos una forma geométrica que se mueve aceleradamente la veremos deformada. Indudablemente que necesitamos una geometría diferente a la euclidiana para ver un objeto o fenómeno que está acelerando o cuando observamos cualquier fenómeno desde un sistema en aceleración. Necesitamos entonces una nueva geometría que seguramente no es la que estudiamos en nuestros años de infancia y adolescencia. Afortunadamente esta nueva geometría existe. Hay más de una y a todas se las conoce genéricamente como "geometría no euclidiana". En el experimento que hemos descripto, la aceleración fue responsable, o culpable mejor dicho, de la deformación geométrica de los objetos. Y decimos culpable porque esa aceleración nos ha sacado de nuestro mundo geométrico conocido: la Geometría de nuestros años de escuela. Podemos concluir entonces que *desde un sistema de referencia acelerado las formas geométricas se explican con geometrías no euclidianas*. La distancia entre dos puntos ya no puede ser calculada con el viejo y conocido teorema de Pitágoras.

¿Y si aplicamos el Principio de Equivalencia a los resultados de este experimento? Paramos entonces la rueda giratoria y reemplazamos su aceleración por un campo gravitatorio que equivalga a los mismos movimientos acelerados. ¿Cómo se verán las varillas? Se las verá acortadas igual que antes y nuevamente necesitaremos agregar varillas para cubrir las faltantes. Y nuevamente la relación entre varillas circunferenciales y diametrales será mayor que π. Nuestra conclusión será la misma que antes: *los campos gravitatorios deforman el espacio, lo que obliga a aplicar geometrías no euclidianas dentro de ellos.*

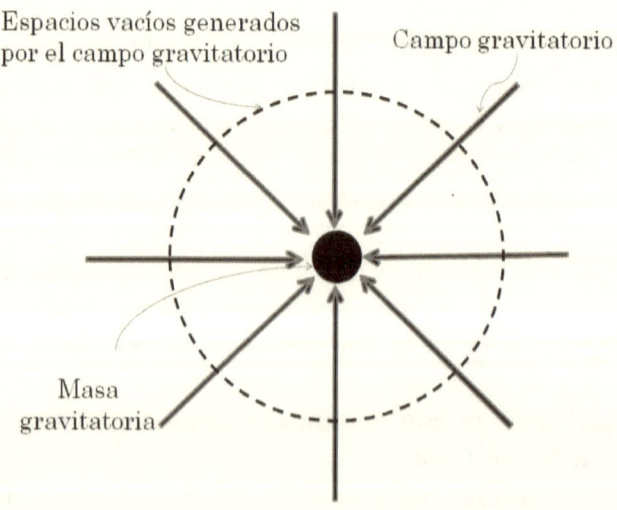

Figura 3.2. Influencia de un campo gravitatorio sobre el espacio

Esta deformación se muestra gráficamente en la Figura 3.2 mediante los espacios vacíos entre varilla y varilla que muestra la Figura 3.2. La forma del campo gravitatorio que corresponde a este caso es radial. Se demuestra que un campo creado por una masa esférica o puntual, ubicada en el centro de la rueda será radial y que su influencia será la de acortar las longitudes perpendiculares a las líneas radiales del campo. Estas líneas no son otra cosa que las direcciones a lo largo de las cuales actúan las fuerzas de gravedad.

d. Geometrías no euclidianas

Euclides postuló que por un punto externo a una recta solamente podemos trazar una paralela a ella. Es el llamado quinto postulado de Euclides, quien no lo demostró o no lo pudo demostrar cómo hizo con los otros. Sin embargo, hay una falla en este postulado porque sobre ciertas superficies alabeadas, este postulado no se cumple. En tales superficies es posible trazar varias paralelas, y no solamente una, por un punto exterior a una recta. Véase la Figura 3.3. Son las llamadas "geometrías hiperbólicas" y se trata de superficies con forma de montura de caballo, donde la suma de los ángulos interiores de un triángulo es menor que 180^0. Le pedimos al lector que recuerde que en el plano esa suma es siempre igual a 180^0. Además, hay otras superficies sobre las que no se pueden trazar ni siquiera una paralela a otra línea. Las geometrías que describen tales superficies se llaman "elípticas".

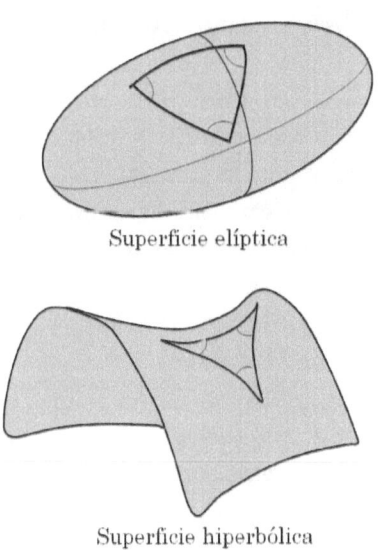

Superficie elíptica

Superficie hiperbólica

Figura 3.3 Superficies no euclideanas

Éstas tienen la forma de un balón de rugby y en ellas la suma de los ángulos interiores es siempre mayor que 180^0. En estas superficies, hiperbólicas y elipsoidales el quinto postulado de Euclides falla.

A lo largo de los siglos, muchos matemáticos trataron, infructuosamente, de demostrar el quinto postulado de Euclides sobre la base de los cuatro primeros. En cambio, el matemático ruso Nikolai Ivanovich Lobachevsky (1892-1956) demostró todo lo contrario, es decir que existen geometrías en las cuales el quinto postulado de Euclides no es válido.

Al tener éxito en su búsqueda, pudo afirmar que la Geometría euclidiana es un caso particular de una geometría mucho más general, sobre superficies de curvatura no nula. Este notable avance científico permitió unos cien años después desarrollar una teoría gravitatoria más exacta que la de Newton: la Relatividad General. Lamentablemente se repitió una historia similar a la del matemático Green: Lobachevsky jamás supo de la importancia de sus descubrimientos y nunca le llegó en vida un merecido homenaje.

e. Geometría y Física

Que la gravedad distorsiona la geometría del espacio ya no hay duda. Bien, aceptado, pero . . . ¿Cómo lo distorsiona? ¿Y qué efecto tiene esa distorsión cuando se observan fenómenos físicos sumergidos en campos gravitatorios?

La contestación a estas dos preguntas es sencilla de dar y muy larga de justificar. Pero empecemos con lo sencillo. La distorsión que produce la gravedad en el espacio hace que éste se comporte como una superficie hiperbólica o elipsoidal. Físicamente esto quiere decir que las partículas libres se mueven como si estuvieran apoyadas en tales superficies, y recorriendo el camino más corto posible, según el principio de mínimo esfuerzo de la Naturaleza de Hamilton.

También podemos expresar esto diciendo que *los campos gravitatorios crean unas superficies curvas en el espacio, invisibles lógicamente, sobre las cuales se apoyan las partículas libres durante su movimiento.* Claro que esta idea es sólo conceptual ya que dichas superficies no tienen existencia material. Las trayectorias en cambio, sí existen realmente.

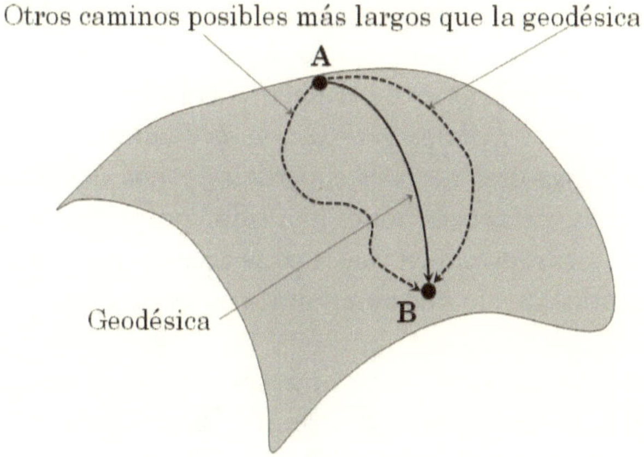

Figura 3.4. Definición gráfica del camino más corto entre A y B: la geodésica

Las nuevas ideas de la Relatividad General (hoy, en el siglo XXI, ya no tan nuevas), postulan que las trayectorias de las partículas libres en un campo gravitatorio son curvas que coinciden con las curvas geodésicas de superficies en el espacio. Recordemos que las geodésicas son las curvas que unen dos puntos, que están sobre una superficie, por el camino más corto posible. También podemos decir que son las curvas más rectas entre puntos de una superficie. Véase la Figura 3.4.

El experimento de la rueda giratoria nos llevó a un punto tal en el que debimos aceptar que el espacio-tiempo tiene una curvatura producida por las masas. Y Ud. tiene razón: nada más lejos de nuestro sentido común, el que jamás nos dijo que los campos gravitatorios tienen influencia sobre la geometría del espacio . . . y sin embargo es así. Bueno, aceptemos que las trayectorias de la Mecánica Clásica no son exactas, pero . . . ¿cómo es posible que alguien sostenga que el espacio-tiempo está curvado? Con toda razón Ud. puede decir que eso es como afirmar que ¡la nada tiene curvatura! Vaya disparate.

Bien, no trataremos de entrar en estas ideas que casi corresponden a la Filosofía, pero le daré una alternativa para que pueda "digerir" las ideas de la Relatividad General. Dejemos de lado la curvatura del espacio-tiempo y simplemente digamos que las trayectorias que siguen los cuerpos en campos gravitatorios no son tan simples como las que describe la Mecánica Clásica, sino que tienen una mayor complejidad. Agreguemos que afortunadamente existe un grupo de ecuaciones de la Relatividad General, conocidas ahora como las *ecuaciones del campo gravitatorio de Einstein*, que relacionan las masas con las curvaturas de tales superficies y nos describen las formas de las trayectorias. Estas ecuaciones han sido comprobadas en numerosos casos prácticos, y entonces bien vale la pena aceptar que la gravedad es algo mucho más exótico que lo que aprendimos en la escuela.

Es justo ahora preguntarse ¿qué otra sorpresa encierra la Relatividad General, además de ser capaz de determinar las complejas trayectorias que ocurren en los campos gravitatorios? Bueno, digamos brevemente que esta teoría demuestra que la gravedad hace que en un campo gravitatorio el tiempo transcurra más lentamente, modifica la frecuencia y velocidad de la luz y desvía la trayectoria de los rayos luminosos. Por otra parte, hay gigantescos fenómenos, tales como la formación de estrellas de neutrones, agujeros negros, la expansión del Universo, etc. que tienen en la Relatividad General un cuerpo de doctrina potente para estudiarlos y predecirlos.

2. Los puntos de partida

La Naturaleza se comporta de una manera inamovible y nada podemos hacer para cambiar su comportamiento. Es por esto que es imposible pretender que una masa no genere un campo gravitatorio a su alrededor o que un electrón en movimiento no genere un campo magnético. Tampoco podemos hacer que los árboles no necesiten el Sol y el agua para vivir. Pero necesitamos entender y predecir la Naturaleza y para eso debemos hacer Ciencia, que es el conocimiento que relaciona los fenómenos con sus causas. Es por esto que una teoría física, no es otra cosa que un modelo que explica, sobre la base de leyes y principios aceptados, las causas de los fenómenos, su comportamiento y los métodos para su predicción. Estos principios son generalmente producto de la observación o de razonamientos científicos, cuya existencia debe aceptarse al momento de elaborar una teoría, porque ellos son los "ladrillos que construyen" la Naturaleza. Son principios fundadores y por esa razón, a veces es inútil intentar su demostración sobre la base de leyes previamente conocidas.

En la Relatividad General hay cinco "ladrillos" con los que se construye la explicación del fenómeno gravitatorio y ellos son:

a. El Principio de Relatividad General

b. El Principio de Covariancia General

c. La constancia de la velocidad de la Luz

d. El Principio de Equivalencia

e. La Ley del Movimiento Inercial Geodésico

Veamos conceptualmente estos principios, salvo el de Equivalencia que ya lo comentamos antes, porque para entender la Relatividad General estos principios deben ser totalmente familiares.

a. El Principio de Relatividad General
Ya hemos visto antes que la Naturaleza obedece al Principio de Relatividad Especial, que dice que las leyes de la Física son iguales en todos los sistemas cartesianos inerciales. Y al decir "inerciales", hemos hecho una importante aclaración, que nos recuerda que este principio, y por lo tanto toda la Relatividad Especial, son válidos solamente para sistemas cartesianos en movimiento uniforme.

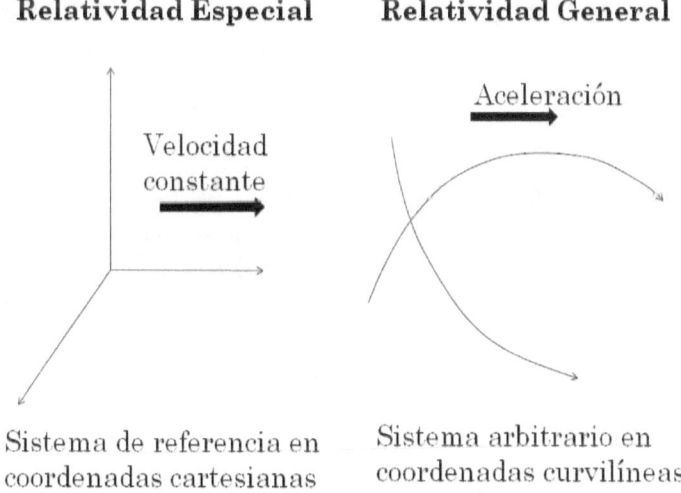

Figura 3.5. Sistemas de referencia y movimientos admitidos por la Relatividad Especial y la Relatividad General.

Ninguna aceleración está permitida en ellos. ¡Ah! Pero la gravedad es un fenómeno que se manifiesta mediante la aceleración de los cuerpos y en espacios curvados por la gravedad, por lo tanto, no parece que el Principio de Relatividad Especial sea válido también en los campos gravitatorios.

Esa restricción del Principio de Relatividad a los sistemas inerciales, nos estorba entonces para el desarrollo de una teoría gravitatoria que pueda explicar los fenómenos que no explica la Mecánica Clásica. Para superar esta dificultad, en la Relatividad General se postula que *todas las leyes físicas son válidas en cualquier sistema arbitrario de coordenadas*, lo cual incluye los sistemas acelerados. Véase la Figura 3.5. A este enunciado se lo conoce como el Principio de Relatividad General y cualquier teoría física válida debe obedecer a él. Este postulado parece ser una expresión de la voluntad sin mayores fundamentos, pero no se lo debe ver así. En realidad se trata de una condición que se impone a la doctrina a desarrollar y el peso de esta condición veremos que lo soportan las Matemáticas, ya que ésta debió encontrar las expresiones que sean invariantes aún referidas a sistemas arbitrarios en aceleración. Éstos son los que obligaron al uso del Cálculo Tensorial.

Es importante recordar que un sistema arbitrario se mueve, indistintamente, a velocidad uniforme o con aceleración y que no necesariamente está formado por tres ejes perpendiculares entre si, como los sistemas cartesianos. Por lo tanto, y a modo de ejemplo, un sistema en coordenadas cilíndricas y otro de ejes curvos no perpendiculares entre sí, ambos moviéndose aceleradamente, son sistemas arbitrarios, que de acuerdo al Principio de Relatividad General deben ver de igual manera un mismo fenómeno físico.

b. El Principio de Covariancia General
Este principio es una consecuencia del Principio General de Relatividad y dice que *la forma matemática de las leyes físicas no debe variar cuando sus ecuaciones son transformadas de un sistema de referencia arbitrario a otro también arbitrario*. Por lo tanto este principio vale también para sistemas en aceleración y no es necesario que éstos sean cartesianos como sucede en la Relatividad Especial.

La covariancia es una propiedad matemática de las leyes físicas que dice que si una expresión matemática se mantiene invariable en todos los sistemas de referencia imaginables, tal expresión es covariante. La covariancia de la ecuación de una ley física es una condición para que esta ley cumpla con el Principio de Relatividad. Y de esta condición surge que *para que las leyes físicas sean correctas, sus ecuaciones deben de ser covariantes respecto de la transformación entre sistemas arbitrarios.*

La covariancia de las leyes físicas no debe ser confundida con la invariancia de una magnitud. Un invariante es una magnitud que mantiene su valor numérico para cualquier sistema de referencia imaginable desde el que se la mida. No todas las magnitudes son invariantes. Por ejemplo, en la Geometría euclidiana, la distancia entre dos puntos es un invariante; no la afecta el sistema desde el cual se la mida. En cambio, según la Relatividad Especial, la distancia entre dos puntos del espacio-tiempo no es un invariante, como consecuencia de la contracción de Lorentz. La distancia de universo si es un invariante para esta ciencia.

No lo vamos a demostrar, pero sepamos que, desde un punto de vista matemático, la covariancia de las leyes físicas, se cumple toda vez que las ecuaciones de aquéllas tienen "carácter tensorial". Un tensor es un interesante descubrimiento matemático que está formado por un grupo de números o fórmulas, dispuesto en forma similar a una matriz. Aplicado a la Física un tensor describe una serie de propiedades físicas de un sistema. Por ejemplo, una región del espacio en la que hay campos gravitatorios y electromagnéticos, puede ser descripta mediante un tensor, cuyos números son los valores de las fuerzas provocadas por tales campos. Además, un tensor tiene la importante propiedad de que tanto la información que contiene como su forma matemática, son invariables, cualquiera sea el sistema desde el cual se observen tales propiedades.

Dejemos de lado las explicaciones matemáticas y veamos una manera sencilla de entender los tensores mediante una analogía con aquellos datos personales que nos permiten ser ubicados por otros. Tal grupo de datos sería el "tensor personal" y estaría formado por:

1. Nombre: Nicolás

2. Calle: Tulipanes

3. Número de casa: 234

4. Ciudad: Nueva Isla

5. Teléfono: 245-9876

6. País: Maravilla

Ya tenemos nuestro "tensor personal", escrito por un observador de habla hispana. Podemos decir que nuestro "tensor personal", tal como está arriba es lo que se observa desde el "sistema de referencia hispano". ¿Cómo se ve nuestro "tensor personal" desde un "sistema de referencia inglés"? De la siguiente forma:

1. Name: Nicholas

2. Street: Tulips

3. House number: 234

4. City: New Island

5. Phone number: 245-9876

6. Country: Wonderland

En este ejemplo nos hemos tomado la tan difundida licencia de traducir los nombres a otro idioma, costumbre que posiblemente no haga feliz a todas las personas, pero que sirve para entender los tensores de la Relatividad General.

Bien, ya tenemos nuestros dos "tensores personales" expresados desde dos "sistemas de referencia" diferentes. ¿Cómo hicimos para pasar del "sistema de referencia hispano" al "sistema de referencia inglés"? Supongamos que lo hicimos con un diccionario. Y aquí encontramos que este diccionario hace las veces de un viejo conocido de la Física y las Matemáticas: las "ecuaciones de transformación", de las que hasta ahora vimos dos que son famosas, al menos entre los científicos: la de Galileo y la de Lorentz. Pero en Relatividad General no nos restringimos a movimientos de velocidad constante supuestos por estos dos conjuntos de ecuaciones, sino que admitimos las aceleraciones. Y además no referimos los fenómenos a coordenadas cartesianas solamente, sino a cualquier tipo de sistemas de referencia. Por lo tanto, nuestro diccionario o "ecuaciones de transformación", deben traducir (transformar) de cualquier idioma a cualquier idioma. Pero notemos que ya sea que éste es italiano, chino o alemán, el "tensor de datos personales" resultante deberá describir siempre la misma persona. De la misma manera, la información contenida en un tensor matemático es siempre la misma, independientemente del sistema al que esté referido ese tensor.

Cuando Einstein lidiaba con el desarrollo de la Relatividad General, el descubrimiento de los tensores le abrió el cielo, porque entonces adquirió una poderosa herramienta matemática, llamada Cálculo Diferencial Absoluto, sin la cual es de dudar que la Relatividad General hubiera sido conocida en 1915. Claro que Albert conoció esta ciencia, y la llamó Cálculo Tensorial, sólo cuando pidió ayuda a un matemático húngaro y gran amigo; Marcel Grossman (1878-1936). Lo hizo en medio de la desesperación y después de haber intentado inútilmente obtener las formas matemáticas que aseguran la covariancia entre diversos sistemas de coordenadas arbitrarios.

Y el lector tiene derecho a pedir una definición más corta de los tensores que la que dimos antes. Digamos entonces que para la Física son simplemente grupos de números o fórmulas, dispuestos de manera similar a una matriz que describen una serie de propiedades físicas, atribuibles a un ente cualquiera. Para los entendidos en Matemáticas: ¡los tensores no son matrices ni determinantes!. Los números o fórmulas que forman los tensores son el resultado de observar (medir) tales propiedades desde un sistema de referencia de cualquier tipo (cartesiano, polar, generalizado, etc.), y que se mueve a velocidad uniforme o en forma acelerada. Las componentes del tensor se pueden transformar de un sistema así de arbitrario a otro, también arbitrario, mediante ecuaciones llamadas de transformación, las que a su vez también tienen forma tensorial. El resultado es que las fórmulas usadas en el primer sistema para calcular las componentes del tensor son las mismas que las del segundo sistema.

Por lo tanto podemos concluir diciendo que el Principio General de Covariancia dice que las leyes físicas deben ser expresables mediante ecuaciones tensoriales para permanecer válidas en cualquier sistema arbitrario. Dicho de otra manera; toda vez que una ley física la podemos expresar tensorialmente, es seguro que dicha ley es covariante y cumple con el Principio de Relatividad General. Igual razonamiento es aplicable a las magnitudes invariantes.

Los tensores presentan cierta complejidad para su entendimiento y por lo tanto no entraremos en mayores detalles sobre ellos. Nos limitamos aquí simplemente a mencionarlos, explicarlos en forma sencilla y debemos aclarar que no se necesita ser un experto en ellos para entender conceptualmente, lo que dice la Relatividad General sobre la gravedad.

c. La constancia de la velocidad de la luz

La luz tiene dos propiedades que ya hemos mencionado:

a) Su velocidad es una constante universal.

b) Es la máxima velocidad posible de alcanzar en el Universo

Es inútil intentar superar a la velocidad de la luz. Aun suponiendo que podamos ponernos a la par de ella, nada podríamos hacer para adelantarnos. A esa velocidad, según demuestra la Relatividad Especial, la masa de los cuerpos se hace infinita. Por favor recuerde que masa infinita no quiere decir "tamaño infinito". Sencillamente significa que por muy grande que sea la fuerza con que Ud. empuje a un cuerpo que viaja a la velocidad de la luz, le será imposible acelerarlo. No lo podrá conseguir nunca.

Esta propiedad poco común que tiene la luz despierta la curiosidad sobre la esencia de su naturaleza y es lógico que nos preguntemos como es ésta. Hoy en día la Física dice que la luz es una onda electromagnética pero que también se puede comportar como si fuera un conjunto de corpúsculos, llamados fotones, que son partículas luminosas y sin masa. Pero bien podemos pensar que dado que la luz es un "chorro de energía" y ésta equivale a masa, la gravedad podría atraer a la luz. Sin embargo esta idea es un error, porque hay algo que diferencia a la luz de la masa y es el hecho que la luz existe sólo si está en movimiento. En cambio, la masa es un "sujeto gravitatorio" aún cuando se encuentra en reposo. De manera entonces que no es posible ejercer fuerzas gravitatorias sobre la luz como si esta fuera una masa.

Sin embargo la experiencia ya ha demostrado que una masa gravitatoria es capaz de desviar un rayo de luz. ¿Cómo es posible esto? A lo largo de este libro veremos que es por una razón muy simple, y muy sofisticada a la vez; la gravedad producida por las masas no es una fuerza sino una curvatura del espacio. Esta curvatura crea caminos en el espacio, por los que obligadamente deben circular tanto las masas como los "chorros de energía" de diversas naturalezas.

A consecuencia de esto, en ausencia de gravedad la trayectoria de la luz es una recta, pero irremediablemente se curvará en el medio de un campo gravitatorio. Podemos resumir la influencia de la gravedad sobre la luz diciendo que éste produce dos efectos sobre ella: por un lado desvía su trayectoria, según dijimos antes, y por otro lado reduce su velocidad, en proporción a la intensidad del campo gravitatorio por donde circula.

También es lógico preguntarnos ¿Puede haber un campo gravitatorio que curve tan fuertemente el espacio que no permita a la luz salir de una cierta región del espacio? La respuesta es sí. Hay cuerpos cósmicos que tienen un campo gravitatorio tan intenso que no permiten que la luz salga de ellos; son los extraños agujeros negros, cuya naturaleza y comportamiento veremos a lo largo de esta obra.

d. La ley del Movimiento Inercial Geodésico

En realidad éste no es un principio sino una propiedad de las partículas (astros) que se mueven en el espacio sin otro campo actuante sobre ellas que el gravitatorio. Son las llamadas partículas libres. Las trayectorias que éstas siguen son las geodésicas de la superficie curva que corresponda a la deformación que sufre el espacio-tiempo en la zona de tránsito. Veremos ahora la importancia de este fenómeno en la construcción de la Relatividad General.

Un movimiento inercial es el que tiene un cuerpo cuando no se le aplica ninguna fuerza. La Mecánica Clásica nos enseña que, en el vacío, un cuerpo que no recibe fuerzas de ningún tipo se mueve a velocidad uniforme sobre trayectorias espaciales rectilíneas. Es decir que en los espacios planos (euclidianos) el cuerpo transita siempre por la menor de las distancias entre dos puntos: la línea recta. Ya vimos que esta trayectoria se llama geodésica, término que identifica a "la menor distancia".

Hagamos una breve visita a la Historia que ya comentamos en el Capítulo 1. En el siglo XVI, el francés Fermat, aquél brillante matemático empleado en la Justicia, descubrió que los rayos de luz siguen el camino que les insume el menor tiempo posible. Al siglo siguiente, el astrónomo francés Maupertuis, postuló que el camino recorrido por las partículas libres se corresponde con el valor mínimo del producto de velocidad por tiempo. Esto no es exactamente correcto pero fue un paso adelante, porque ya nos hizo ver que la Naturaleza se comporta de manera tal que minimiza el esfuerzo de sus acciones. Y dos siglos después, el genial y malhadado irlandés Hamilton enunció correctamente el principio de mínima acción, que es la base de la Mecánica Analítica de Lagrange y lo demostró con rigurosidad. De este principio surge finalmente la idea de trayectoria geodésica, como expresión de lo que un cuerpo hace cuando está libre de moverse y la manera de calcular dicha trayectoria.

Aplicando el principio de mínima acción al movimiento generado por la gravedad, la Relatividad General sostiene que *dentro de un campo gravitatorio las partículas libres se mueven siguiendo la menor de las distancias entre puntos, dando la apariencia de estar "apoyados y transitando" sobre superficies curvas e invisibles en el espacio*. La Figura 3.7 da una idea de esta propiedad de las trayectorias en un espacio-tiempo curvo. La forma de la superficie dibujada asume que se trata de un espacio-tiempo de solamente dos dimensiones y corresponde a la solución de las ecuaciones de campo de Einstein, nuestro Código Cósmico, dada por Schwarzschild en 1916. Esta solución es la que demuestra como son los agujeros negros, esos extraños seres del Universo y sobre los cuales hablaremos más adelante. Es lógico que si se conoce la ecuación que describe la superficie de la Figura 3.6, es posible determinar la forma geométrica de cualquiera de las infinitas posibles trayectorias geodésicas sobre ella. Tales ecuaciones se encuentran en la teoría de las superficies de Gauss, para un espacio euclidiano de tres dimensiones. Para quien le interesen las explicaciones basadas en el lenguaje matemático, le recomiendo que vea esta interesante teoría en el jugoso libro de Gauss titulado *"Disquisitiones generales circa superficies curva"*, del año 1828.

Pero hay algo más que Gauss demostró en su libro, con lo que sin saberlo construyó una de las bases de una teoría gravitatoria, la Relatividad General, que apareció casi cien años después de su investigación sobre las superficies curvas. Nos referimos a que su teoría demuestra que hay ciertas propiedades de las superficies que no dependen del sistema de referencia usado, sino que son intrínsecas de la superficie en cuestión. ¿No le suena esto a invariancia o a covariancia, dos de los diamantes buscados afanosamente por Einstein? Una de esas propiedades invariantes respecto de transformaciones en sistemas arbitrarios, es la curvatura de las superficies. Este aspecto no es menor en la Relatividad, porque si la curvatura de una superficie resultara ser representativa de alguna magnitud física, como veremos más adelante, estamos en presencia de un invariante físico que cumple con los principios de Relatividad y de Covariancia generales.

Es interesante recordar lo que dijo Einstein sobre la relación que existe entre su Relatividad Generalizada y la teoría de Gauss: *El punto de contacto más importante entre la teoría de Gauss de las superficies y la Teoría de la Relatividad General se halla en las propiedades métricas en las* que se basan los conceptos de ambas teorías (El significado de la Relatividad. 1921).

El matemático alemán Georg Friedrich Bernhard Riemann (1826-1866), un discípulo de Gauss, avanzó por sobre su maestro y desarrolló una Geometría en *n* dimensiones. Él determinó los elementos invariantes que tienen las superficies en tal espacio y dedujo también la ecuación para el cálculo de su curvatura. Su investigación generó un modelo matemático perfecto para expresar las ecuaciones del movimiento inercial y del campo gravitatorio de la Relatividad General en el espacio-tiempo. Por supuesto nunca supo que su teoría matemática iba a ser la herramienta fundamental de una teoría de la gravedad que aparecería casi cuarenta años después de su muerte.

3. La construcción de una gravedad geométrica

La Relatividad General no fue "deducida" como si fuera un teorema, aunque sus ecuaciones de campo son susceptibles de una deducción matemática. Pero la verdad es que ésa no fue la forma en la que Einstein llegó a ellas. El procedimiento fue muy diferente y hasta puede pensarse que contiene demasiados supuestos porque Einstein imaginó o escogió las bases que debería tener una teoría gravitatoria (los cinco principios anteriores) y sobre ellos comenzó a construir la teoría. Fue una ardua tarea en la que no faltaron marchas y contramarchas, pero finalmente llegó a tener una teoría que se corroboró con la observación del Universo y con experimentos especialmente diseñados para comprobar esta notable teoría.

Al igual que la Mecánica Clásica, la Relatividad General considera que el fenómeno gravitatorio se debe a la acción de las masas y agrega que también se debe a la energía radiante, a la contenida en fluidos sometidos a presión y a la energía gravitatoria que se encuentren en el espacio que esté bajo estudio. Otras formas de energía, como la química tienen una contribución despreciable y por eso no se las consideran.

Recordemos que masa y energía son equivalentes y por lo tanto la energía que esté bajo la forma de ondas en el espacio es susceptible de recibir acciones gravitatorias. Lo mismo sucede con la radiación absorbida por los cuerpos, ya que se trata de energía adquirida por la masa y por lo tanto aumenta el valor inercial de ésta. La radiación que recibe un cuerpo equivale a una masa *adicional* a la masa ponderable del cuerpo. Antes hemos mencionado que este tema fue tratado por Einstein en 1905, en su artículo llamado *¿Depende la inercia de un cuerpo de su contenido de energía?*

En el párrafo anterior dijimos que la energía gravitatoria generada por las masas, también genera a su vez una acción gravitatoria, debido a la equivalencia masa-energía. Este fenómeno, aparentemente sencillo, complica significativamente la solución de las ecuaciones del campo gravitatorio, porque aquélla será una función de sí misma. Y toda vez que una solución depende ella misma los matemáticos dicen que el modelo es alineal y se necesitan métodos especiales para su solución. Afortunadamente es posible despreciar los efectos de los campos gravitatorios sobre las acciones gravitatorias y evitar mayores complicaciones matemáticas. No obstante, hay en las ecuaciones de Einstein otros tipos de alinealidad que las complica terriblemente. Para el lector que sepa algo de ecuaciones diferenciales, le pedimos que imagine a éstas formadas por productos de funciones, multiplicadas por sus derivadas parciales. A poco que lo piense se dará cuenta de lo difícil que es encontrar soluciones de tipo general y en esto consiste la mayor dificultad de la aplicación de la Relatividad General.

Y hasta aquí no parece haber gran diferencia entre la Relatividad General y la Mecánica Clásica, exceptuando las consideraciones sobre la energía y su equivalencia con la masa. Es en el segundo pilar, o sea en las consecuencias de la presencia de masa y energía, donde está la diferencia. ¿Por qué? Porque la Relatividad General postula que las masas producen una curvatura en el espacio-tiempo y no una fuerza central.

Las ecuaciones de campo de Einstein dan la proporcionalidad existente entre la curvatura del espacio-tiempo y la densidad de la masa total equivalente (recuerde: incluye energías bajo cualquier forma). Y este concepto es válido, en general, en todas las teorías métricas, como lo es la Relatividad General. Tales ecuaciones tienen diez potenciales gravitatorios de naturaleza geométrica, en tanto que la de Poisson requiere uno solamente de naturaleza física. Podemos resumir las ecuaciones del campo gravitatorio, nuestro Código Cósmico, de la siguiente manera:

CAUSA	CONSECUENCIA
Masa y energía	*Curvatura del espacio-tiempo*

Y como debemos cumplir con el Principio de Relatividad, forzosamente debemos expresar la causa y la consecuencia del fenómeno gravitatorio mediante un ente matemático invariante: un tensor, ese viejo conocido nuestro. Y así nacieron el "tensor de energía", que es la causa y el "tensor de curvatura" del espacio-tiempo, que es la consecuencia. Por lo tanto, la forma más sencilla de las ecuaciones del campo gravitatorio de Einstein es la siguiente:

Tensor de curvatura = Constante x Tensor de energía

La llamada "Constante" en esta ecuación es simplemente un número en el que participan la Constante de Gravitación Universal de Newton y la velocidad de la luz. Como vemos, Newton tiene su puesto de honor en la Relatividad General también. En el sistema métrico esta constante es muy pequeña e igual a 2.07×10^{-43} y representa la inversa de una fuerza.

Por supuesto que las ecuaciones del campo gravitatorio de Einstein son mucho más complejas que la sencilla expresión anterior, tanto que ni el mismo Einstein pensaba que fuera posible hallar una solución general a sus ecuaciones. Hasta la fecha esto es así, aunque algunas soluciones de casos particulares si se han obtenido. La más famosa es la que en 1916, Karl Schwarzschild, el gran astrónomo alemán de aquellos años, halló desde las trincheras del frente ruso alemán. Esta solución se restringe al caso de una masa esférica estática que deforma el espacio a su alrededor. Ésta fue la primera solución a las ecuaciones de campo de Einstein y es especialmente meritoria porque fue la primera que se conoció y porque las trincheras de la Gran Guerra no fueron precisamente ambientes académicos con tranquilidad para pensar. Schwarzschild murió víctima de una dolorosa enfermedad de la piel contraída durante la Gran Guerra, siendo todavía una persona joven. Una verdadera pérdida para la ciencia.

La solución que él ideó la envió directamente a Einstein, quien lógicamente se sorprendió de ver que sus ecuaciones de campo podían tener, al menos, una solución particular. Posteriormente, en un congreso internacional,

Einstein leyó el trabajo de Schwarzschild ante una audiencia de científicos. Fue un póstumo pero merecido homenaje a este científico alemán.

Para satisfacer la curiosidad de aquéllos que quieran "conocer" el Código Cósmico, transcribimos a continuación la forma matemática de las ecuaciones de campo de Einstein:

$$R_{\mu\nu} - \frac{1}{2} \cdot g_{\mu\nu} \cdot R = \chi \cdot T_{\mu\nu}$$

El lado izquierdo es el tensor de curvatura de Einstein y el derecho muestra la "Constante χ" que ya explicamos antes y el tensor de energía. Esta expresión representa, en forma compactada, a diez ecuaciones con otras tantas incógnitas bajo una compleja forma matemática, que no ha permitido, hasta ahora, encontrar una solución general.

La Relatividad General no postula que los potenciales gravitatorios sean una expresión de la "energía desprendida" de las masas, como lo son en la Mecánica Clásica, sino que representan los coeficientes de la métrica que tenga el espacio-tiempo en cuestión. Otra forma de decir esto es que los potenciales gravitatorios definen la forma geométrica de la superficie de Gauss equivalente, sobre la cual se moverán los cuerpos y radiaciones energéticas. Por favor recuerde que estamos en un espacio de cuatro dimensiones y que no existe en él solamente "una" superficie gaussiana. En realidad existen "infinitas" porque el espacio es continuo y homogéneo y el fenómeno gravitatorio lo afecta completamente.

Un postulado importante en el desarrollo de las ecuaciones de campo del Código Cósmico, fue que los campos gravitatorios débiles permiten simplificaciones que las reducen a la ecuación de Poisson. Este aspecto no es menor, porque la solución clásica es aproximadamente correcta dentro de un error despreciable para campos gravitatorios débiles. De hecho, la adopción de supuestos de simplificación en las ecuaciones de Einstein, llevan a la de Poisson.

Y con esto hemos construido el esqueleto básico de la teoría de la gravedad que pretende subsanar las fallas de la teoría clásica. Pero antes de seguir debemos hacer una breve referencia a la capacidad que tienen las ecuaciones de campo para explicar otros fenómenos y principios físicos que no son referidos a la gravedad. El poder predictivo de las ecuaciones de campo de Einstein respecto del comportamiento cosmológico del Universo es muy poderoso. Pero además de ellas, cuya naturaleza es geométrica, pueden derivarse casi todas las ecuaciones conocidas de la Física, salvo las de la Física Cuántica. Solamente adoptando algunos de los supuestos de la Mecánica Clásica, como el absolutismo del tiempo y el espacio y la infinitud de la velocidad de la luz. Con las ecuaciones de Einstein se pueden derivar el principio de conservación de la energía y del momento cinético, la ley de gravitación universal de Newton, la ecuación de Poisson, las ecuaciones de Euler y de continuidad de masa de los fluidos, etc. Más aún, con sólo suponer que el espacio tiene cuatro dimensiones, supuesto que existe en diversas teorías físicas, se pueden deducir las ecuaciones de Maxwell del Electromagnetismo. Estas teorías que agregan una dimensión extra al espacio suponen que ésta es de forma circular aproximadamente del tamaño de la longitud de Planck (10^{-33}cm), por debajo de la cual no es posible observar ningún fenómeno. Estas derivaciones que tienen las ecuaciones de campo, sugieren que éstas puedan ser lo más próximo que conocemos a una "teoría total" de la Física macroscópica. No debe sorprender entonces que interpretemos que las ecuaciones de campo de Einstein sean la fórmula fundamental que explica la construcción y funcionamiento del Universo "grande".

La conclusión anterior puede perturbar a más de uno porque es difícil imaginar, o aceptar, que en una sola ecuación se resuman los principios físicos y además las leyes que de ellos se derivan. Generalmente el proceso del desarrollo de una rama de la Física parte de principios observados, sin demostración matemática alguna, como el principio de conservación de la energía y sus múltiples aplicaciones para el desarrollo de leyes físicas de todo tipo.

Y aquí cerramos este tema porque no es el propósito de este libro discutir la universalidad posible de las ecuaciones de campo. Sin embargo, creemos conveniente dejar señalado este interesante aspecto para quien le interese seguir adelante con su conocimiento e investigación.

4. Métrica de una superficie y teorías métricas de la gravedad

Hemos visto ya que una partícula libre se mueve sobre trayectorias geodésicas curvas, cuyas ecuaciones no son las que dice la Mecánica Clásica. Si tales trayectorias son geodésicas, quiere decir que las distancias entre sus puntos son las menores entre todas las posibles líneas de unión de aquéllos. Y dado que un gran objetivo de una teoría gravitatoria es tener la capacidad de predecir las trayectorias de los cuerpos sumergidos en campos gravitatorios, debemos ser capaces de encontrar las ecuaciones de las geodésicas de cualquier superficie curva en el espacio-tiempo sobre la que se apoyan las partículas libres. Por supuesto que sabemos que tales superficies no tienen una existencia física ponderable.

Para deducir las ecuaciones de las geodésicas debemos imponer la condición de "mínima distancia" entre puntos, lo que significa que sabemos cómo medir las distancias sobre superficies curvas, aún de aquéllas con más de tres dimensiones. Después de estos razonamientos vemos que es necesario contestar la consecuente pregunta: ¿Cómo hacemos para medir distancias sobre superficies curvas? La contestación es simple: debemos tener una fórmula que en base a las coordenadas arbitrarias de dos de sus puntos haga el cálculo de la distancia entre ellos, tal como lo hace el teorema de Pitágoras sobre el plano. De hecho, la fórmula general para las distancias sobre una superficie curva, es muy similar a la de dicho teorema, aunque significativamente más larga y con el agregado de unos coeficientes que describen la curvatura.

Esta fórmula para medir distancias se llama "métrica" y sus expresiones dependen del tipo de superficie válida para el espacio que se esté estudiando. Podemos también decir que la métrica es una forma de hacer mediciones en un espacio de n dimensiones.

Sobre un plano, la métrica es el teorema de Pitágoras. Pero si estamos sobre la faz de una superficie, como es el elipsoide Tierra en el que vivimos, necesitamos una métrica esférica o elipsoidal según sea la precisión necesaria. Sobre una esfera, la geodésica es un arco de círculo máximo llamado loxodromia, muy conocida por los marinos.

Según cuál sea la superficie que soporta el movimiento en estudio habrá una métrica, sólo válida para aquélla, que permitirá referir la ubicación de eventos y las distancias que los separan, medidas éstas sobre la superficie correspondiente.

Las teorías gravitatorias que atribuyen a la gravedad una naturaleza geométrica, se llaman "teorías métricas". La idea fundamental de las teorías métricas de la gravedad están muy bien descriptas por Wheeler que dijo que "las masas le dicen al espacio como debe curvarse y éste le dice a las masas por donde deben transitar".

Los postulados que cumplen las teorías gravitatorias métricas son:

1. El espacio-tiempo tiene una métrica simétrica. No hay direcciones preferenciales en los que la métrica pueda ser diferente. Las distancias que midamos entre dos puntos no dependen de la orientación de las líneas sobre las que se las mide.

2. Las trayectorias de las partículas libres son geodésicas, caracterizadas matemáticamente por la métrica de la región por la cual transitan. Es el Principio de Mínima Acción el que explica este comportamiento.

3. La Relatividad Especial se cumple en los "sistemas de referencia locales" que están cayendo libremente. Un "sistema de referencia local" es aquél que ocupa una muy pequeña región del espacio-tiempo. En ese pequeño entorno elemental y aunque el sistema esté acelerando, se puede considerar que éste se comporta como un sistema inercial (velocidad constante) y por lo tanto, en él no hay campo gravitatorio y son válidas las leyes de la Relatividad Especial. Este supuesto simplifica muchos desarrollos de la Relatividad General.

4. Las trayectorias geodésicas están determinadas por la acción de las masas y energía radiante de la región.

La Relatividad General es una teoría métrica y no es la única dentro de este tipo, ya que investigadores como el físico finlandés Gunnard Nordstrom (1881-1923) y Hilbert se aproximaron sensiblemente a ella en los tiempos en que Einstein desarrollaba su Relatividad General e incluso antes. Nordstrom concibió una teoría de "campo escalar", en la que introdujo una modificación a la ecuación de Poisson reemplazando "el laplaciano del potencial por el dalambertiano" . . . bueno, puede Ud. olvidar este tecnicismo y simplemente considerar que la teoría métrica de Nordstrom no arrojaba el valor correcto del perihelio de Mercurio y es por eso que éste finalmente la abandonó cuando en 1915 Einstein publicó su Relatividad

General. Nordstrom intentó también desarrollar una teoría con cinco dimensiones en vez de cuatro y en esto fue un pionero de las modernas teorías en estudio que llegan hasta once dimensiones, pero no están comprobadas. Con la quinta dimensión, Nordstrom consiguió deducir un grupo de ecuaciones que explicaban la gravedad y el Electromagnetismo. Este modelo de cinco dimensiones fue conocido luego como la teoría de Kaluza—Klein y es la primera de las teorías con más de cuatro dimensiones que han aparecido en la Física.

Nordstrom compitió con Einstein por desarrollar una teoría métrica de la gravedad, pero eso no impidió que mantuvieran siempre una excelente relación personal. Si Nordstrom hubiera dejado de lado el campo escalar y hubiera seguido el duro camino del campo tensorial, podría haber llegado a la Relatividad General como lo hizo Einstein. Nordstrom era un entusiasta relativista y había trabajado intensamente en las ideas de Minkowski y elaborado teorías que completaban a ésta. Lamentablemente murió muy joven, posiblemente debido a sus trabajos con materiales radioactivos, que eran su hobby. Por cierto un hobby más que peligroso.

Las teorías métricas han dejado de lado a la de Newton. Pero es interesante notar que hasta el mismo Newton no confiaba demasiado en las fuerzas que actúan a distancia, simplemente porque no comprendía cómo se podían originar. ¿Lo sabemos ahora? ¿O solamente estamos desarrollando modelos matemáticos cada vez más exactos para predecir la gravedad?

5. Las trayectorias relativistas

Imaginemos que vivimos en dos dimensiones solamente. En ese caso, el espacio puede ser representado por una superficie curva, en la que sabemos que no se cumple la Geometría de Euclides. ¿Qué forma tiene esa superficie? Para una masa gravitatoria alejada suficientemente de todas las demás que existen en el Cosmos, la superficie toma la forma que indica la Figura 3.6. Se trata de una especie de embudo, en el centro del cual está la masa gravitatoria; como ser una estrella de neutrones o un agujero negro. A esta superficie se la conoce científicamente como "paraboloide de Flamm" y se la usa para simular sobre ella las trayectorias de las partículas (astros) libres, en un campo gravitatorio que responde a la métrica de Schwarzschild.

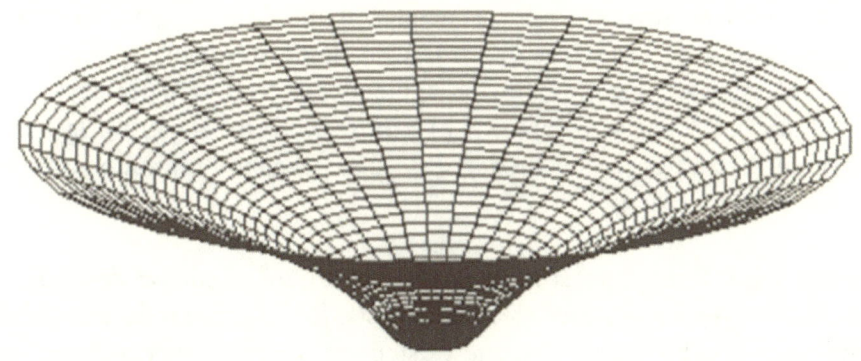

Figura 3.6. Representación de un espacio-tiempo de dos dimensiones

La Figura 3.6 sugiere que la forma más fácil de imaginar la curvatura del espacio-tiempo producido por una masa, es pensar en una membrana elástica, de goma o similar, sobre la cual se coloca una esfera pesada en su centro. Ya sabemos intuitivamente lo que sucederá con la lámina de goma: se curvará en forma parecida a lo que muestra la Figura 3.6.

Y con este sencillo experimento imaginario podemos entender las ecuaciones de campo de Einstein, las que dicen que cuanto mayor sea la masa gravitatoria mayor será la curvatura. Es fácil darse cuenta de esto si imaginamos la diferencia que habrá entre la curvatura producida por una esfera de madera y otra de plomo, ambas de igual tamaño. La conclusión es evidente; cuanto más masa, mayor curvatura.

Lamentablemente es imposible representar el espacio-tiempo de tres o cuatro dimensiones curvado por los efectos de la gravedad. Debemos conformarnos con imaginar un mundo más sencillo de dos dimensiones, mediante una superficie curva como la mostrada en la Figura 3.6. Sobre esta superficie se trasladan los astros, siguiendo curvas geodésicas. Si esos astros han sido "capturados" por el campo gravitatorio, la forma de sus trayectorias son similares a las elipses que muestra la Figura 3.7 a).

Obsérvese que las elipses van cambiando de posición en cada rotación que hacen. Ese cambio de posición es la precesión provocada por la curvatura del espacio-tiempo y de la cual dijimos que fue observada por primera vez en la órbita de Mercurio.

En cambio, si el astro tiene un alta energía, tal que el campo gravitatorio no lo puede "capturar", su trayectoria se iniciará desde muy lejos, teóricamente desde el infinito, y se aproximará siguiendo una curva parecida a una hipérbola. Véase en la Figura 3.7 b) que al acercarse el astro a la masa gravitatoria, dará un rodeo alrededor de ella, formando un nudo como el indicado en esa figura.

En este caso, la trayectoria ha formado un "nudo" alrededor de la masa gravitatoria, que es un típico efecto relativista. En los campos de intensidad moderada o débil, como los que existen en nuestro Sistema Solar, las trayectorias abiertas no tienen estos nudos. Son simplemente curvas que prácticamente coinciden con alguna de dos de las cónicas de la Geometría Plana; con una parábola o con una hipérbola.

De igual manera, los astros de baja energía, "capturados" por un campo débil, no presentan una precesión tan intensa como la que muestra la Figura 3.7 a)

¿Qué sucede si el astro es atraído por un agujero negro? La trayectoria en ese caso no tiene concesiones. Presenta la forma de una espiral que va directo al centro del agujero negro y seguirá ese camino hasta que haga impacto sobre la dura superficie de neutrones que hay dentro del radio gravitatorio.

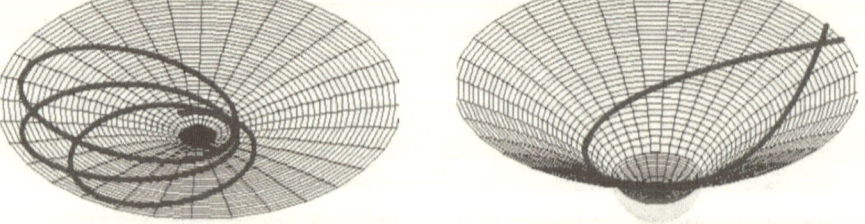

Figura 3.7. Trayectorias posibles de un astro en el espacio curvo Izquierda "astro capturado". Derecha astro "no capturado"

La Figura 3.8 muestra este caso en una representación plana. En las proximidades de un agujero negro, existe una región que resulta inobservable, porque la intensa gravedad no permite que nada salga de ella, ni siquiera la luz. El astro que haya entrado a esta región, llamada "círculo gravitatorio", ya nunca podrá salir de él, por lo que es improbable que un grupo de astronautas se presenten como candidatos para viajar a un agujero negro. No solamente perderían su vida, sino que perderían la gloria del regreso y nadie sabría qué pasó con ellos.

La representación plana es posible gracias a que algunos procedimientos matemáticos permiten prescindir del tiempo en las ecuaciones de la trayectoria y dejar a éstas solamente con dos variables: la distancia al astro en movimiento y la latitud que en cada posición tiene el astro. Es lo que en Matemáticas se llaman coordenadas polares. Por supuesto que esta representación en un solo plano es posible gracias a que la solución de Schwarzschild se basa en que la masa gravitatoria es una esfera perfecta quieta, que crea un campo gravitatorio simétrico.

6. El espacio-tiempo; ¿ "algo" o "nada"?

Seguro que la curvatura del espacio-tiempo no le parece a Ud. ni razonable ni intuitiva. ¡Y tiene razón! Cualquier persona cuerda se resiste a pensar que el espacio-tiempo, caracterizado por ser vacío, por no tener nada, pueda adoptar una forma geométrica determinada. Si inventáramos una máquina de fotos capaz de fotografiar el espacio-tiempo me pregunto qué veríamos. Es de pensar que nada, a menos que haya partículas libres desplazándose en la región que hemos fotografiado, en cuyo caso veríamos sus trayectorias geodésicas "apoyadas" sobre superficies como la que muestra la Figura 3.6. ¿Significa todo esto que el espacio es "nada"? Pensemos e imaginemos un poco sobre este tema que aparenta ser sensiblemente abstracto.

Pero quien con toda razón no acepte eso de que es posible curvar algo que es nada y que nada contiene, inevitablemente deberá aceptar que "las masas ejercen una acción gravitatoria tal, que obliga a los cuerpos a seguir caminos curvos en el espacio-tiempo" . . . cuidado, no hemos dicho en el "espacio" sino en el "espacio-tiempo". Por supuesto que también en el espacio las trayectorias son curvas, pero no olvidemos que el espacio-tiempo es el objeto de las teorías relativistas.

Pero no razonemos tan rápidamente en términos de la posibilidad de curvar el espacio-tiempo, sino que veamos primero si éste es "algo" o es "nada". Si concluimos que el espacio-tiempo es "nada" su curvatura es imposible. Pero si el espacio-tiempo es "algo", entonces es susceptible de ser modificado. Con estas ideas nos acercamos más a un tema filosófico de la ciencia que a uno puramente físico.

¿Es el espacio-tiempo una "nada"? La contestación es no y agreguemos: el espacio-tiempo no es una "nada" porque es "algo" que se puede medir y que tuvo un instante en el que nació. Vayamos a la historia del Cosmos; recordemos que antes del big-bang y supuesto que la teoría de un Universo cíclico (Ver punto 3.9.a) es incorrecta, "no había nada". Y "nada" quiere decir que no había tiempo y tampoco había espacio. Pero sucedió que éstos se crearon durante el big-bang. A medida que ocurría la gran explosión creadora, el tiempo comenzó a transcurrir y los espacios aparecieron para contener la materia y energía que volaba hacia todos los rincones de ese Universo que estaba naciendo. La gran expansión fue una gigantesca "fábrica de espacio y tiempo", salpicado de materia y energía.

Entonces, si el espacio-tiempo se puede medir y nació alguna vez, hace ya entre diez mil y quince mil millones de años, no podemos decir que él sea "nada". Y si el espacio-tiempo no es una "nada", forzosamente es un "algo" y por lo tanto se trata de un ente físico, cuyas propiedades podrían ser modificadas por otros entes físicos. Y en ese caso . . . ¿Por qué no puede él tener, entre otras propiedades, una curvatura? Y en tal caso ¿Por qué no podrían curvarlo las masas o la energía contenidas en una región del espacio-tiempo? Lo dejo a su imaginación y le pido que me conceda que en esto consiste la magia de la gravedad; *es ciencia pero también es fantasía.*

7. **La velocidad de la gravedad**

Imaginemos que sumergimos bruscamente un cuerpo en un campo gravitatorio. ¿Cuánto tiempo transcurre entre el instante de la inmersión y el instante en que el cuerpo "siente" la fuerza de gravedad? Vayamos a la ley de gravitación universal de Newton para calcular ese tiempo y nuestra frustración será grande; en la fórmula de Newton el tiempo no participa de ninguna forma. ¿Qué significa esto? Que para la Mecánica Clásica la acción gravitatoria se transmite a velocidad infinita. ¡Vaya resultado! Totalmente opuesto a uno de los postulados básicos de la Relatividad Especial, la que establece que nada puede superar la velocidad de la luz, y por ende, mucho menos llegar a velocidad infinita.

Trayectorias y círculo gravitatorios

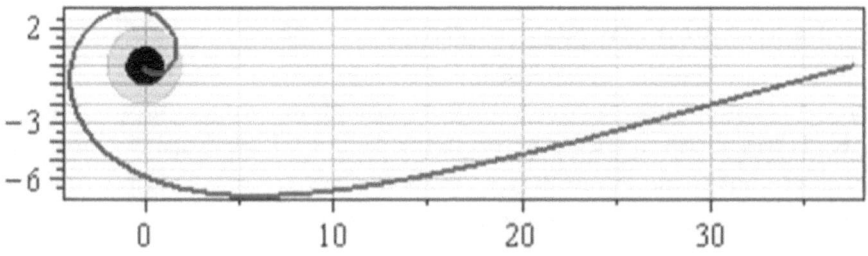

Figura 3.8. Trayectoria de un astro hundiéndose en un agujero negro

¿Entonces ha aparecido algo que se transmite a velocidad superior a la de la luz, o está mal la ley de gravitación universal de Newton? Y la respuesta es inmediata; el error está en la ley de gravedad de Newton, ya que nada puede transmitirse a velocidad superior a la de la luz. Y así tenemos otro elemento de juicio que nos indica la necesidad de "construir" una teoría gravitatoria diferente a la de Newton.

A raíz de que la acción gravitatoria se propaga a la velocidad de la luz podemos imaginar el siguiente fenómeno curioso. Sabemos que la Tierra se mantiene en órbita debido a la acción gravitatoria del Sol. Éste está a 8 minutos luz de la Tierra. Imaginemos entonces un imposible: que el Sol desaparece bruscamente en menos de una décima de segundo. ¿Qué sucede en la Tierra? Nada . . . hasta que transcurran los 8 minutos que tarda la acción gravitatoria del Sol en desaparecer de nuestro planeta. ¿Y luego? Hay un colapso total de la vida en la Tierra. Saldremos inmediatamente de nuestra vieja y querida órbita rumbo vaya a saber a qué lugar recóndito del Universo, buscando una región en el espacio-tiempo que esté suficientemente curvada como para "estacionar" allí a nuestro planeta. ¿Y la vida en la Tierra? Olvídela. Los últimos instantes de vida serán esos 8 minutos que tardará en llegar la información de que el Sol ya no existe. Pero a no preocuparse; esto es sólo imaginación puesta al servicio del conocimiento.

Mencionemos finalmente que al igual que en el Electromagnetismo existe la posibilidad de transmitir ondas, según lo demostró Hertz en forma práctica, la Relatividad General también establece la posibilidad de que la gravitación se transmita en ondas. Se han hecho diversos experimentos para encontrar las ondas gravitatorias de otros astros, pero ellas son de tan baja amplitud que su detección es por ahora un sueño pendiente.

8. La luz en los campos gravitatorios

En 1911 Einstein determinó el desvío de los rayos de luz en un campo gravitatorio, sobre la base de la trayectoria de una partícula libre y la equivalencia entre masa y energía. Su cálculo y consideraciones fueron completamente erróneos, como veremos más adelante, porque aún no conocía su Relatividad General. Seguía mentalmente unido a una gravedad provocada por fuerzas centrales. De todos modos, bien vale la pena revisar las bases de aquél cálculo de 1911 para destacar la significancia de los efectos relativistas que generan las masas.

La idea conceptual para el cálculo del desvío de los rayos de luz en un campo gravitatorio, es que la equivalencia entre masa y energía sugiere que la fuerza de gravedad atrae la luz de la misma manera que atrae una masa. Y si la luz es atraída como si fuera masa por un campo de fuerzas centrales, su trayectoria debe seguir una curva cónica. El lector astuto se preguntará cómo es esto posible, ya que los fotones no tienen masa. La pregunta está muy bien hecha y la contestamos al final de este punto.

La experiencia dice que un rayo de luz no queda en órbita alrededor de una masa cuando pasa rasante a un astro... o por lo menos eso se creía en aquellos años. Entonces aceptemos que un rayo de luz se desvía al pasar al lado de una masa, siguiendo una trayectoria hiperbólica, similar a la que sigue un astro atraído por ella. Y ahora vamos a la Geometría. En ella encontramos que la ecuación de una hipérbola define el ángulo entre sus ramas, que en nuestro caso suponemos que es el trayecto de un rayo de la luz que pasa rasante a la masa gravitatoria. Las fórmulas de Newton para las trayectorias planetarias, aplicadas a un fotón, permiten calcular ese desvío. Y para el caso de un rayo de luz que pasa rasante al Sol, Einstein calculó en 1911 que el desvío es de 0.87 segundos de arco. Imposible de comprobarlo a simple vista.

Apenas cuatro años después, un día de Noviembre de 1915, Einstein completó su Relatividad General e hizo el mismo cálculo de 1911, pero considerando que la gravedad no es un esquema de fuerzas centrales sino la curvatura del espacio-tiempo. El resultado del desvío de la luz fue exactamente el doble; 1.74 segundos de arco. ¿Por qué no coincidió con su cálculo de 1911? Porque los fotones no tienen masa y por lo tanto es un error conceptual calcular su desvío con las leyes de una gravedad basada en campos de fuerzas. Hay que calcular su desvío con las fórmulas de la curvatura del espacio. ¿Se comprobó esto? Sí, cuatro años después lo hizo una expedición británica, aprovechando un eclipse de Sol. En esa oportunidad se midió el desvío de la luz de unas estrellas lejanas atrás del Sol, cuyos rayos luminosos pasaban rasantes a éste. Como el Sol estaba eclipsado era posible fotografiar estas estrellas. El rayo de luz de éstas no vino por un camino recto a los instrumentos de la expedición, sino que "tomó una curva" alrededor del Sol. Véase la Figura 3.9. Por lo tanto llegó a aquéllos como si su punto de partida estuviera desplazado respecto de la posición verdadera de las estrellas. Pero como la ubicación exacta de las estrellas era conocida, fue posible calcular el ángulo de desvío de la luz de aquéllas, al pasar rasantes a la superficie del Sol. Y este ángulo coincidió exactamente con el cálculo hecho por Einstein. Así había quedado demostrada la validez de la Relatividad General. Curiosamente los errores posibles de medición, correspondientes a la tecnología de entonces, eran del mismo orden que los valores a observar. Casi podemos decir que el éxito de la expedición fue un "golpe de suerte".

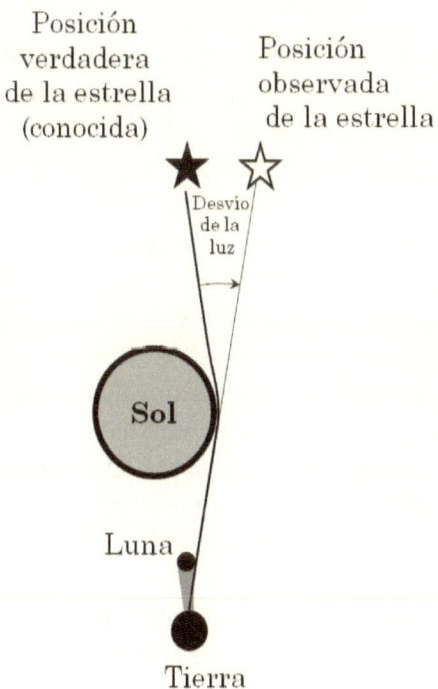

Figura 3.9. Observación del desvío de la luz por el Sol en 1919

Es justo recordar que la expedición que comprobó en 1919, el desvío de la luz por el Sol, estuvo liderada por el destacado astrofísico inglés Sir Arthur Stanley Eddington (1882-1944). Nacido en Kendal en el seno de una familia cuáquera, fue un destacado estudiante en el Trinity College de Cambridge. Eddington tenía una personalidad difícil para tratar, debido a su continuo empeño en mostrarse superior y no tolerar fácilmente opiniones diferentes a la suya. Se sabe poco de su vida privada porque su correspondencia fue destruida después de fallecer, cosa que él mismo ya hacía habitualmente en vida. Se cree con cierta certeza que era homosexual, lo cual era seguramente muy difícil de sobrellevar en aquella época post victoriana, donde un genio literario como Oscar Wilde, debió pagar con la cárcel esa inclinación sexual hacia 1895. Por otra parte, las convicciones religiosas de Arthur Eddington le crearon no pocos problemas durante la Primera Guerra Mundial porque a lo largo de ella hizo pública su convicción de que los científicos no debían cortar sus lazos de amistad y comunicación con los científicos alemanes. Por supuesto que esta prédica no fue escuchada ya que la comunidad científica pensaba todo lo contrario. Y para colmo de males, en 1918 se negó a obedecer el llamado a las filas que recibió, alegando objeción de conciencia por ser cuáquero. El Astrónomo Real lo salvó de ir a la cárcel y cuando lideró la expedición de 1919 que corroboró la Relatividad General, salvó finalmente su riesgo de ir a parar a una prisión británica.

Los resultados de la expedición liderada por Eddington hicieron que Einstein saltara a la fama y la prensa no tardó en publicar la confirmación de la Relatividad General, como un cambio total en la concepción del Universo. Y tenían razón, porque se había demostrado que la gravedad, el mecanismo que explica cómo se mueven los astros y cómo se atraen entre sí, era mucho más complejo que lo supuesto en la teoría de Newton. En esa oportunidad Einstein hizo un comentario a la prensa que sugiere que la curvatura del espacio-tiempo es la única manera que tuvo la creación para construir el Universo. Y también sugiere que Einstein pensaba que había cumplido con uno de sus sueños; saber qué es lo que Dios piensa. La anécdota dice que un periodista le preguntó a Einstein que hubiera pensado si la observación hecha por la expedición británica no hubiera demostrado que el espacio estaba curvado alrededor del Sol. Sonriendo él respondió; "entonces lo hubiera sentido por el buen Dios, porque la teoría es correcta". La respuesta sugiere que Dios se habría equivocado si no hubiera aplicado el "código cósmico para construir un universo", ese mismo que Einstein descubrió en la infinita inmensidad del conocimiento y al cual Dios tiene un acceso ilimitado. Esta respuesta también sugiere que si el Universo hubiera sido creado de otra manera, su mecanismo gravitatorio hubiera sido imperfecto. Queda en las creencias de cada uno sacar conclusiones, diferentes a éstas, sobre la famosa respuesta de Einstein al periodista.

9. Nacimiento y probable muerte del Cosmos

¿Es el universo que vemos el único universo que existe? No lo sabemos a ciencia cierta, pero nada impide sostener que vivimos en un "multiverso", dentro del cual se encuentra nuestro "universo", ése que en este libro procuramos entender. Las teorías cosmológicas modernas no excluyen la existencia de varios o incluso infinitos universos, pero habida cuenta de los medios tecnológicos y científicos disponibles en este comienzo del siglo XXI la probabilidad de su comprobación es prácticamente cero. No obstante, el tema es apasionante y lo trata la ciencia de la Cosmología, la que a su vez es una rama de la Astronomía.

a. La dinámica del Universo

Los cosmólogos han llegado a la conclusión que el tamaño y forma del Universo responde a una dinámica no bien conocida aún. Pero hay algo que hace felices a aquéllos; tienen una teoría que explica y cuantifica la dinámica del Universo. Se trata de la Relatividad General, cuyas ecuaciones de campo de Einstein prevén que el Universo varíe su forma y tamaño con el correr del tiempo. Y esto es importante para los cosmólogos, porque al menos disponen de un modelo que puede usarse para investigar la evolución posible del Cosmos.

Esta posibilidad de la Relatividad General permite explorar los posibles futuros del Universo "con lápiz y papel", aunque hoy debiéramos decir simplemente "con un computador personal". Véase la Figura 3.10. Seguramente el lector ha leído o escuchado sobre los cuatro destinos posibles del Universo conocido: a) Universo en expansión ininterrumpida con deceleración, b) Universo en expansión ininterrumpida con aceleración, c) Universo en expansión hasta que se produzca el "rebote gravitatorio" o Universo cíclico, y d) Universo estático; su tamaño sería inamovible. En el Universo cíclico, la expansión se interrumpirá y comenzará una contracción universal hasta que toda la masa del Universo sea apenas un puñado de materia y se forme nuevamente el "átomo primordial", como lo llamó Lemaitre, el que dará lugar a un nuevo big-bang. En este caso viviríamos en un universo cíclico, que sufre sucesivos ciclos de contracción-expansión, recreando continuamente big-bangs y "big-crunches". Estas posibilidades pueden estudiarse en las ecuaciones de campo de Einstein. Y es por eso que los cosmólogos procuran aplicar el conocimiento del "código cósmico", para predecir el comportamiento del Universo, de la misma manera que la genética procura develar el comportamiento del hombre conociendo su ADN.

El Cosmos es un gigantesco vacío que está apenas habitado, en el cual hay distribuido por todos lados un "tenue pegamento" llamado gravedad. Veremos ahora de que manera este débil pegamento cósmico ha sido capaz de "hacer" el Universo, mediante una paciente labor de aglutinamiento de masas, que ha durado miles de millones de años. Durante este largo tiempo, la gravedad unió todo tipo de partículas, como motas de polvo cósmico, átomos, partículas subatómicas, etc., hasta que las convirtió en los astros que hoy tenemos en el Cosmos.

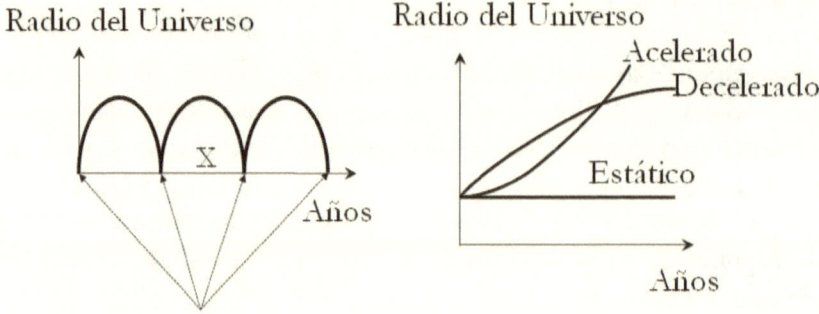

Big-bangs sucesivos
cada X miles de millones de
años

Universo en expansión
decelerada, acelerada y estático

Universo cíclico

Figura 3.10. Representación gráfica de la evolución posible del Universo

Los "habitantes" del Universo que generan el comportamiento gravitatorio y anti-gravitatorio del Cosmos son las galaxias, las estrellas, los planetas, los polvos estelares que la gravedad aún no unió, los gases interestelares, la energía radiante de todo tipo, la materia oscura y la energía oscura. Esta "fauna y flora cósmica", se caracteriza porque tiene extraños comportamientos y porque sus estructuras materiales son muy simples y de dimensiones gigantescas. Sin embargo es bueno saber que la materia visible del Cosmos, ya sea bajo la forma de astros, polvo estelar o energía radiante, constituye apenas el 5% de toda la materia y energía equivalente contenida en el Universo. Los otros "habitantes" del Universo son primordialmente la energía oscura, que es el 70% de todo lo que existe, y la materia oscura que representa el 25% restante. Estos dos últimos componentes cósmicos nunca fueron observados, pero su existencia se deduce de comportamientos estelares diferentes a los previstos por la sola acción gravitatoria de la materia y energía visibles.

¿Cuántas galaxias hay en el Universo? No sabemos el número exacto, pero si sabemos que son millones de millones de . . . , etc. Su brillo y su masa son fantásticas, pero . . . en la inmensidad del Cosmos ocupan muy poco lugar. De toda la masa y energía que hay en el Cosmos, ellas representan apenas el 5 % de toda la masa ponderable que hay en los cielos.

Las observaciones astronómicas indican que los cuerpos visibles del Universo, como las estrellas y las galaxias, se atraen entre sí con una gravedad de tal intensidad entre galaxias y dentro de ellas, que la sola existencia de la materia visible no alcanza a explicar. Para obtener los esfuerzos gravitatorios que se manifiestan es necesario la presencia de una materia que hasta ahora nadie ha podido observar; la materia oscura.

¿Por qué decimos que el Universo se expande? ¿Cómo se detectó este comportamiento? Para contestar estas preguntas, recordemos que cuando una fuente de sonido se aleja de nosotros escuchamos que sus ondas sonoras son cada vez más graves. Es el conocido efecto Dopler de reducción de la frecuencia de un sonido (más grave) cuya fuente se aleja. Póngase cerca de un tren que se está alejando y notará este fenómeno.

Pero este efecto no se restringe al sonido. A las ondas luminosas les ocurre lo mismo; al alejarse las fuentes luminosas, su luz nos llega "más grave". Es decir que también recibimos una onda que tiene menor frecuencia. Pero la luz no se escucha; se ve, y la reducción de su frecuencia hace que cambie de color, tendiendo hacia el rojo. Es por eso que podemos asegurar que una fuente de luz blanca, que está tornándose roja, se está alejando de nosotros. Las mediciones del corrimiento al rojo de algunas supernovas demuestran que todas ellas se alejan, indicando que el universo se expande y que lo hace aceleradamente. Esta aceleración la produce una "energía repulsiva", contraria a la de la gravedad, y hasta ahora no ha podido ser detectada directamente. Es por esto que se la llama energía oscura. Y como la gravedad es una curvatura del espacio-tiempo bien podemos pensar que se trata de una "curvatura negativa".

La dinámica del Universo no había sido observada hasta 1929. En ese año el astrónomo y boxeador aficionado americano Edwin Hubble (1889-1953), comprobó el alejamiento de las galaxias por el corrimiento al rojo de su luz. Hasta ese entonces había una creencia generalizada de que el Universo era estático, por lo cual no variaba de tamaño. Einstein mismo era un creyente de este concepto. Sin embargo, en 1922 el físico ruso Alexander Friedman (1888-1925) descubrió que en las ecuaciones de Einstein estaba oculta una posibilidad hasta entonces no imaginada: el Universo puede variar de tamaño con el correr del tiempo. Einstein no le creyó ni un ápice a Friedman. Más aún, agregó un término llamado constante cosmológica Λ (lambda) a sus ecuaciones de campo, de manera que éstas demostraran que el Universo es estático. Las ecuaciones de campo quedaron, por varios años, de la siguiente forma:

$$R_{\mu\nu} - \left(\Lambda + \frac{1}{2} \cdot R\right) \cdot g_{\mu\nu} = \chi \cdot T_{\mu\nu}$$

Existe un valor crítico de la constante cosmológica Λ, para el cual el Universo es estático. Éste es el modelo de Universo de Einstein. Por debajo de ese valor crítico el Universo será cíclico y por arriba de él se expandirá para siempre, tal como muestra la Figura 3.10.

El agregado de la constante cosmológica que hizo Einstein fue un arreglo de "segunda mano", que después del descubrimiento del alejamiento de las galaxias de Hubble, hizo que Einstein manifestara que la constante cosmológica había sido el error más grande de su vida. Tenía razón. No sólo porque su arreglo era inconsistente con la Relatividad General, ¡su obra!, sino porque se perdió la gloria de predecir la expansión del Universo. Una oportunidad perdida de repetir su éxito resonante de la predicción del desvío de los rayos de luz en los campos gravitatorios. Curiosamente, la constante cosmológica de Einstein hoy nuevamente tiene valor, porque a través de ella es posible explicar la presencia de una "gravedad negativa" que está generada por la denominada "energía oscura", cuyo origen y propiedades no son totalmente conocidos.

b. La cuna de las estrellas. El big-bang

Describir conceptualmente el nacimiento, la vida y la muerte de una estrella es relativamente sencillo. Todo comenzó con el big-bang, que ni fue "big" ni fue "bang". Fue simplemente un fenómeno cuántico, a una temperatura de muchos millones de grados centígrados, la que dio lugar a una fusión nuclear seguida de una expansión en la que el tiempo y el espacio se asomaron a la vida. Antes del big-bang no existía ni el tiempo ni el espacio y éstos no nacieron bruscamente con el tamaño que hoy tienen, sino que fueron creándose a medida que se expandía el Universo.

Una milésima de segundo después de su nacimiento, el Cosmos era un caldo hirviente de las partículas subatómicas que hoy constituyen los hadrones (neutrones y protones), llamadas quarks. El enfriamiento de este caldo evitó una fusión nuclear en él que podría haber transformado toda la materia en hierro. Esto permitió entonces que aparecieran átomos más livianos y en especial el hidrógeno, que es el elemento más abundante en el Universo. También se creó, aunque en menor medida, algo de helio. Al cabo de tres minutos esa sopa de quarks se había convertido en bolas de fuego. Lamentablemente todos estos fenómenos son todavía poco conocidos por la ciencia. Y así pasaron unos 300,000 años, después de los cuales el fuego se extinguió y el Cosmos quedó sumido en una total oscuridad durante casi mil millones de años. Fue la edad oscura de nuestro Universo, pero ahora poco importa esa oscuridad; ya habíamos nacido.

Sin embargo, algo estaba ocurriendo bajo ese manto oscuro; apareció la gravedad, un fenómeno extremadamente débil que empezó a hacer un trabajo muy lento de agrupamiento de los átomos, formando tenues estructuras de polvo estelar proto-galáctico. Y así, mil millones de años después del big-bang esas tenues estructuras se hicieron cada vez más densas y grandes y se convirtieron en cuerpos compactos a altísimas temperaturas, producto de la compresión gravitatoria. Estas altas temperaturas "encendieron" los interiores de los astros así formados, mediante violentas combustiones nucleares. Y así aparecieron esas bolas de plasma unido por la gravedad y en plena combustión, llamados estrellas. A su vez éstas se agruparon, por acción de la gravedad, formando galaxias y las galaxias también se agruparon, formando racimos de galaxias. Y así, al cabo de más de 10,000 millones de años el trabajo de creación del Cosmos estaba hecho. Pero la evolución no terminó ahí. Aún continúa y no sabemos a ciencia cierta cómo terminará, pese a los grandes avances registrados en la ciencia de la Cosmología, cuya "caja de herramientas" es la Relatividad General.

c. Las estrellas y su gigantesco poder gravitatorio

Las estrellas son astros cuya vida futura está signada por la magnitud de su masa, la que puede oscilar entre 0.1 y 100 veces la masa del Sol. Aquéllas de pequeña masa, es decir inferior a 1.4 veces la masa del Sol, terminan su vida como "enanas negras", que son unos cuerpos sin vida, oscuros y pequeños. El número 1.4 es conocido también como "límite de Chandrasekar (1910-1995)", porque fue este destacado astrofísico americano, nacido en India, el que dedujo aquel valor y demostró así que las futuras "enanas blancas" no podrían tener una masa superior a la del Sol. Esta demostración le costó no pocos disgustos con Arthur Eddington, quien veía en las ideas de Chandrasekar una amenaza para la validez de una teoría que estaba desarrollando, sobre la conjunción de la Relatividad y la Mecánica Cuántica. Su teoría no tuvo ningún éxito, pero las investigaciones de Chandrasekar si lo tuvieron y llevaron al descubrimiento de los agujeros negros.

Una vez agotado su combustible, las enanas blancas se convierten en enanas negras, pero antes de llegar a ese estado pasan por una etapa en el que están formadas por una mezcla en ebullición de núcleos y electrones sueltos. Su radio es del orden 5,600 a 14,000 kilómetros. Cuando las estrellas de tamaño medio llegan a ésta, la etapa final de su vida, su densidad es aproximadamente igual a 10^7 kg/m^3. A modo de comparación piense que la Tierra tiene una densidad media de 5,523 kg/m^3, unas 1,800 veces menos que una enana negra. Y agreguemos que las enanas negras no se cuentan entre los astros más densos del Universo.

Las estrellas cuya masa está comprendida entre 1.4 y 3.6 a 4 veces la del Sol, queman todo su combustible y expulsan su carga de electrones. A partir de entonces la gravedad supera al principio de exclusión de Pauli y comprime sin piedad a los electrones y núcleos, destruyendo los átomos. Esto provoca su transformación en estrellas de neutrones, lo que las hace extraordinariamente densas. Llegan a tener una densidad del orden de 10^{18} kg/m^3, con un radio geométrico muy pequeño; apenas 10 a 20 Km.

Finalmente mencionemos las estrellas que se convierten en los seres más exóticos del Universo; los agujeros negros. Éstos se pueden formar a partir de una estrella de neutrones, y es seguro que lo hacen cuando la estrella tiene una masa superior a 3.6 a 4 veces la masa del Sol. En todos los casos ocurre que la estrella de neutrones sufre un colapso gravitatorio inexorable, durante el cual "devora" las masas que hay a su alrededor. En ese entonces su próxima víctima es la luz y también toda radiación equivalente. La gravedad creada es tan gigantesca que la luz no puede escapar de la estrella. Y si la luz no puede salir de la estrella, los fenómenos que ocurren en ella son imposibles de ser observados.

10. Nacimiento y muerte de las estrellas

Ya hemos visto los efectos que causa una masa gravitatoria en el espacio-tiempo. Sin embargo, hasta ahora solamente hemos mencionado que tales masas son estrellas, sin describir completamente que es una estrella. Este tema está dentro de la Astrofísica y en general no se lo trata en los textos de Relatividad General, pero dado que las masas gravitatorias intensas son estrellas, es bueno conocer cómo son y cómo evolucionan hasta transformarse en cuerpos de densidad extraordinaria, cuya gravedad genera los comportamientos extraños que veremos más adelante.

a. Constante cosmológica y presión degenerada

Cuando describimos el Universo, dijimos que algunos fenómenos gravitatorios cósmicos demuestran que hay "algo" en el Universo que se opone a la gravedad y que no puede ser observado. A ese "algo" se le llama energía oscura. Pero fuera de este fenómeno tan especial, que es la energía oscura, la materia visible es también fuente de fenómenos gravitatorios extraños y poderosos a causa de las altas densidades que alcanzan algunos astros muy especiales y también es fuente de fenómenos que se oponen a la acción gravitatoria.

La oposición a la gravedad en un flujo de partículas se explicaría por una presión negativa, ya que una presión positiva, o tensión normal, es una energía que produce efectos gravitatorios de atracción. La existencia de una presión negativa sólo se explica si hubiera una energía contraria a las que forman el tensor de energía que vimos antes. Y para que esta presión negativa se refleje en las ecuaciones de campo, es necesario introducir nada menos que la constante cosmológica, aquélla que Einstein había repudiado cuando Hubble descubrió la expansión del Universo. Ironías de la vida. De manera entonces que la constante cosmológica no fue el error más grande de la vida de Einstein, como él lo aseguró. Más aún, ni siquiera fue error, pero hay que saber cuando esa constante es aplicable.

Un fenómeno natural muy común que puede generar una presión negativa, es la presión de un gas que tiende a expandirse. Sin embargo, la repulsión cuántica que ejercen las partículas subatómicas, sobre otras iguales a ellas, es el fenómeno físico más significativo capaz de crear una presión negativa, llamada también "presión degenerada". Por favor considere que éste es un término científico que no pretende descalificar la ética de las partículas.

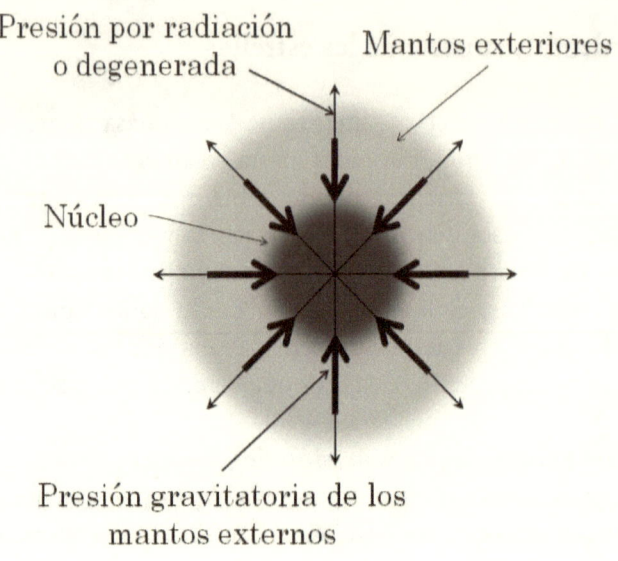

Figura 3.11. **Presión de radiación y gravitatoria de una estrella**

Este último fenómeno es de consideración y se produce como consecuencia de muy altas presiones y temperaturas, las que hacen que dos electrones, o dos protones o dos neutrones, se aproximen. Pero resulta que estas partículas sufren un fenómeno cuántico de "irritación" terrible cuando se las pone en contacto, haciendo que se rechacen con inusitada violencia. Adicionalmente, los protones también se rechazan entre sí porque tienen signos eléctricos iguales y esta fuerza de repulsión se agrega a la generada por los efectos cuánticos que mencionamos antes. Lo mismo le sucede a los electrones. La presión degenerada se manifiesta como una presión interna del plasma que forma la estrella, similar a la que tendría un fluido, y se la suele llamar "presión de radiación" de la estrella. Esta presión está asociada con la cantidad de partículas subatómicas que rodean a la estrella, a modo de un manto fluido. Lógicamente, los electrones son las partículas más abundantes en ese "lecho fluidificado".

Este mecanismo de "presión opositora" a la gravedad es el que ha impedido que ésta haya creado un universo formado solamente por astros de altísima densidad y sin vida alguna.

Digamos finalmente que las partículas que crean la presión degenerada son las que caracterizan las etapas en la vida de una estrella.

b. La compresión inusitada de la gravedad
Por supuesto que a la gravedad le interesa muy poco la presencia de una presión opositora, como es la degenerada. Es por eso que su acción de comprimir el núcleo de una estrella siempre procede sin pausa y sin prisa, independientemente de la presión degenerada. Cuando ésta está presente los efectos de la compresión de la gravedad son más lentos en aparecer, y hasta pueden llegar a ser nulos transitoriamente, si ambas presiones se equilibran.

El resultado de esta acción de la gravedad es que las altas presiones generadas por ella destruyen los vínculos atómicos en las estrellas, en contra de la fuerza fuerte que une los átomos, y dejan electrones sueltos. Una vez que los electrones se desprenden del átomo (ionización), se comportan como un gas interior de la estrella y ejercen una presión degenerada hacia afuera tratando de expandirse. Es oportuno recordar aquí el principio de exclusión de Pauli, el cual prohibe que dos electrones se encuentren en el mismo nivel energético. Esta imposibilidad de los electrones de encontrarse en un mismo nivel de energía, se opone a la compresión de la gravedad. Pero a decir verdad, la gravedad es tan poderosa que puede incluso vencer a este principio y poner en contacto dos electrones que se están repeliendo continuamente.

En este estado de cosas la presión gravitatoria puede fundir un protón con un electrón suelto y dar como resultado un neutrón, o unir dos protones y así crear un elemento más pesado.

Como vemos, la presión degenerada se comporta como una reacción a la terrible compresión gravitatoria. Sin embargo no significa esto que ambas estén en equilibrio. En general la relación entre presión gravitatoria y presión degenerada va cambiando continuamente a lo largo de la vida de una estrella. La única excepción son los agujeros negros, en los cuales la gravedad ha predominado completamente sobre la presión degenerada y nada se opone a su poderosa y desconsiderada acción gravitatoria.

c. Los destinos de una estrella

La formación de una estrella se debe a la gravedad, y también a la estructura atómica que nació en el big-bang. Es por esto que hemos dedicado unas hojas de este libro a describir la vida de una estrella, ya que algunas de ellas son las responsables de los extraños astros y comportamientos de ellos en el Cosmos.

Los seres humanos podemos tener una inmensa cantidad de destinos y todos muy diferentes; las estrellas, en cambio, tienen unos pocos. Las reflexiones que hemos hecho anteriormente sobre la gravedad y la presión degenerada, nos llevan a pensar que la vida de una estrella está signada por la cantidad de masa que ella contiene. Podemos aceptar intuitivamente que cuanto más grande sea la masa de una estrella, tanto más intensos serán los daños que la compresión gravitatoria le hará a sus vínculos atómicos y mayor será el "descalabro" que sufrirá la estrella. Pero veremos que después de este "descalabro", sus posibles destinos son muy pocos. Veamos los principales:

- o   Proto-estrellas. Éstas tienen una masa tan pequeña que su núcleo no llega a la temperatura necesaria para desatar la fusión nuclear. Son muy livianas y terminan convertidas en "enanas marrones", sin haber brillado nunca. Son la Cenicienta del Cosmos.

- o   Estrellas livianas. Tienen una masa inferior a 1.4 masas solares (¡nuestro Sol es una de ellas!), tendrán una vida muy larga, muy posiblemente de miles de millones de años. Después de quemar su hidrógeno se convertirán en "enanas rojas", luego en "enanas blancas" y finalmente morirán bajo la forma de "enanas negras". Mueren siendo longevas, pero en su vida no hacen nada extraordinario salvo consumir su hidrógeno. Claro que hay que ser justos también, porque el Sol, que es una de estas estrellas, nos da la vida lo cual ya es extraordinario.

- o   Estrellas de masa mediana. Tienen una masa entre 1.4 y 3.6 a 4 masas solares. Después de quemar su hidrógeno se convertirán en "gigantes rojas o azules", luego en "supernova", ofreciendo entonces un espectáculo brillante y gigantesco que supera el brillo de una galaxia y que dura un mes aproximadamente. Finalmente se convertirán en un astro muerto llamado "estrella de neutrones". Las "supernovas" son la vedette del Cosmos porque su espectáculo de radiaciones es magnífico. Su brillo equivale a millones o billones de estrellas. Pero ese brillo también anticipa su "pronta" muerte, si es que puede decirse que algo ocurre pronto en el Cosmos.

o Estrellas masivas, que tienen una masa superior a 3.6 a 4 masas solares, se convertirán en "super-gigantes rojas", luego en "supernova" y finalmente en "estrellas de neutrones". Y éstas se transformarán inexorablemente, en "agujeros negros", que son los seres extraños del Cosmos. Los "agujeros negros" pasan el resto de su vida (o de su muerte) devorando masa y energía.

Veremos a continuación de que manera actúan la gravedad, la presión degenerada y la magnitud de la masa de una estrella, para signar el destino de ésta.

d. El nacimiento de las estrellas
El hidrógeno es el elemento más abundante del Universo. Después de la "edad oscura", que vimos que duró 300,000 años, el hidrógeno se quedó "vagando" por la inmensidad, casi vacía del Cosmos, bajo la forma de gas o polvo muy fino. La gravedad comenzó entonces un lento trabajo de agrupamiento de esas tenues estructuras de gas y polvo. Y así esas nubes amorfas comenzaron a girar alrededor de un núcleo primitivo, donde la densidad del gas era más elevada, aunque tal densidad sería inferior a la del aire encerrado en una cámara de vacío. Al mismo tiempo, esas nubes se hicieron cada vez más densas y tomaron formas aproximadamente esféricas. Así comenzaron a formarse lo que después serían estrellas.

La reducción del tamaño de estas nubes, debida a la compresión gravitatoria, hizo que por el principio de conservación del momento cinético esos agrupamientos de hidrógeno giraran a una velocidad angular cada vez más elevada. Lo más probable es que esta alta velocidad angular haya originado desprendimientos por fuerza centrífuga, los que en el futuro fueron planetas. Estas primeras estrellas tardaron unos mil millones de años en formarse y no podemos decir que fueran estrellas ni planetas porque eran relativamente fríos. No había combustión en su agrupamiento principal. Eran entonces proto-estrellas, proto-planetas y polvo estelar, el que de a poco fue absorbido por los proto-planetas. Entre todos formaron sistemas planetarios rudimentarios.

Una proto-estrella se convierte en estrella cuando su núcleo llega a una temperatura de unos 15 millones de grados centígrados, y esto lo puede conseguir si las presiones gravitatorias sobre el núcleo son suficientemente elevadas. Lo que a su vez se consigue si la estrella tiene una cantidad significativa de masa sobre su núcleo. Si la temperatura del núcleo no llega a 15 millones de grados centígrados, ese astro nunca brillará y la proto-estrella terminará sus días como una enana marrón. El nacimiento de la estrella habrá fracasado.

e. La primera etapa: el hidrógeno

La gravedad, pese a su debilidad, comprime el núcleo de la proto-estrella y después de la estrella, sin interrupción alguna. Este núcleo queda atrapado y comprimido por el peso de las capas exteriores. Sólo bastan unos "pocos" millones de años para que ese pobre núcleo llegue a soportar presiones altísimas y temperaturas de varios millones de grados centígrados.

No sabemos en cuál de los miles de millones de astros que existen, ocurrió por primera vez que un átomo de hidrógeno fuera destruido por la elevada presión gravitatoria. Pero a partir de ese entonces la proto-estrella pasó a ser la primera estrella del Cosmos. Una vez que los átomos están despojados de sus electrones, las partículas sub-atómicas transitan a velocidades muy elevadas, próximas a la de la luz, y las colisiones son inevitables. Los violentos choques entre partículas genera la fusión de ellas, proceso que libera cantidades gigantescas de energía.

Como sabemos, cada vez que dos partículas forman una tercera, la masa de esta última es inferior a la suma de las dos que la formaron. La masa faltante, según la Relatividad Especial, se ha convertido en energía equivalente liberada. Y así el núcleo de las proto-estrellas comienza a quemar su hidrógeno por el mecanismo de la fusión y esta combustión nuclear deja un residuo muy importante: helio. Mientras el núcleo esta "encendido" por la fusión nuclear, la energía liberada bajo la forma de calor se transmite al exterior de la estrella por convección y radiación en sus mantos fluidos exteriores y luego se disipa al vacío estelar. Sin embargo una cantidad sustancial de esa energía se almacena en el núcleo ayudando a mantener la fusión nuclear. Esta etapa de combustión del hidrógeno dura unos 10,000 millones de años en estrellas livianas, y en las más pesadas un millón de años solamente. Las estrellas envejecen más rápidamente mientras mayor sea su masa.

Durante la combustión de su hidrógeno, la estrella tiene un brillo y una temperatura que permiten que se las catalogue según un patrón descubierto por Hertzsprung y Russell (H-R). Este patrón consiste en un diagrama que muestra el brillo de la estrella en función de la temperatura de su superficie. Véase la Figura 3.12. La escala de temperaturas está invertida y es logarítmica. La zona llamada "secuencia principal" corresponde a pares de valores brillo-temperatura que tienen las estrellas que están quemando el hidrógeno. En esa zona se ubican las estrellas que están quemando su hidrógeno, que son la inmensa mayoría de las estrellas del Universo.

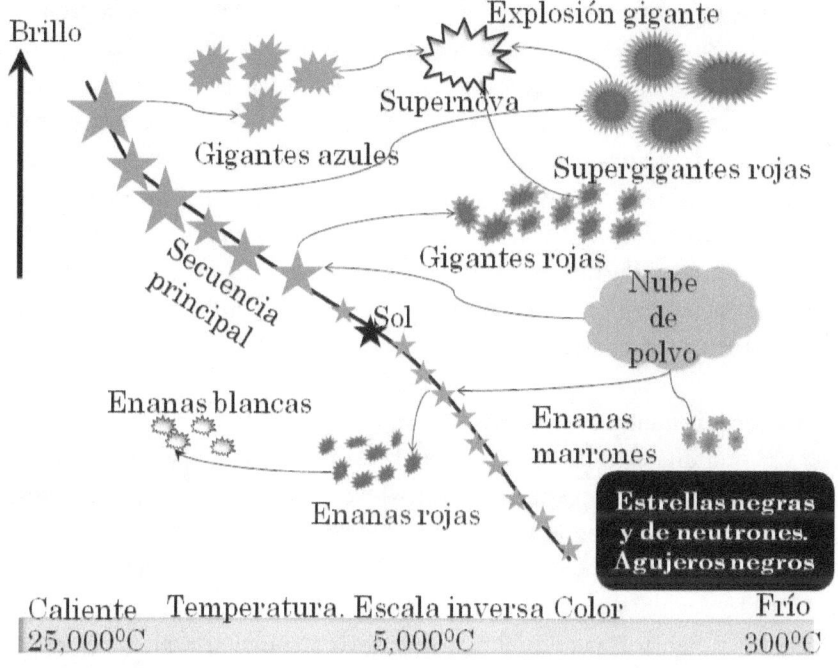

Figura 3.12. Diagrama de Hertzsprung y Russell

Por arriba de esta zona se encuentran las gigantes rojas y azules y las supernovas, cuya formación veremos a continuación. Y por debajo de la secuencia principal se encuentran las enanas rojas y blancas. Es interesante anticipar que las estrellas que se encuentran fuera de la secuencia principal están en franco camino hacia su muerte, que es cuando su combustible se acabó completamente y su brillo tiende a apagarse para siempre. Su destino es transformarse en una enana negra, o en una estrella de neutrones, o en un agujero negro.

Una vez que se acabó el hidrógeno, la estrella sale de la secuencia principal y se transforma en una enana o gigante roja. Sin embargo, pueden transformarse también en unas estrellas de superficie muy caliente, del orden de 50,000°C y más aún, que emiten fuertes radiaciones electromagnéticas. Éstas se encuentran principalmente en la porción electromagnética del espectro y es por eso que su color es azul. Eventualmente estas estrellas gigantes se transformarán en una gigante roja y terminan convirtiéndose en una supernova.

El diagrama H-R muestra sucintamente la evolución de las estrellas, desde que son apenas una nube de polvo tenue, hasta que entran a la secuencia principal, donde permanecen la mayor parte de su vida. Luego, según sea su masa se convierten en enanas rojas o gigantes rojas. Estos dos estados son altamente inestables y terminan explotando y formando cuerpos de gran brillo: las enanas blancas y especialmente las supernovas. Finalmente, esta etapa también pasa y la muerte es el paso siguiente. Esta muerte es un estado frío, denso y sin brillo, que en el diagrama se indica como enana negra, estrella de neutrones o agujero negro. Las proto-estrellas no llegan a la secuencia principal nunca y permanecen sin actividad alguna de combustión como enanas marrones.

f. La segunda etapa: el helio
Una vez que una estrella consumió su hidrógeno y lo convirtió totalmente en helio, la presión degenerada desaparece y solamente queda la presión gravitatoria. Inevitablemente el núcleo comienza a contraerse nuevamente, lo cual eleva su presión y temperatura. Y la historia se repite; la gravedad destruye las "cenizas" de helio que dejó la fusión nuclear del hidrógeno y las partículas subatómicas comienzan de nuevo a transitar a altas velocidades colisionando entre sí. Se ha "encendido" la caldera de la fusión nuclear nuevamente, esta vez quemando helio. El calor generado se propaga hacia el exterior de la estrella y las capas exteriores tienden a separarse del núcleo y se expanden. A medida que se expanden, también se enfrían, lo que les da un color rojizo. De ahí el término "gigante roja" o "enana roja". En este proceso de expansión las estrellas adquieren un tamaño gigantesco, ya que su diámetro puede crecer hasta cien veces o más aún. Esto significa que cuando el Sol termine de quemar su hidrógeno y comience a quemar helio, su diámetro se extenderá hasta abarcar las órbitas Mercurio y Venus y muy posiblemente también engullirá a la Tierra. La vida en nuestro planeta se habrá terminado, pero no se preocupe demasiado porque faltan unos 5,000 millones de años para que esto suceda. Ningún ser vivo actual verá, o mejor dicho sufrirá, este espectáculo.

Si la estrella tiene menos de 1.4 veces la masa solar se forma una enana roja, la que al concluir la combustión del helio expulsa sus capas exteriores, formando un halo muy vistoso. La acción gravitatoria no es suficiente como para comprimir más el núcleo y establecer nuevamente la fusión nuclear. Por lo tanto la estrella se queda en el espacio radiando el calor remanente de su núcleo, transformándose así en una enana blanca. Y luego, de a poco, se convierte en una enana negra. Este es el destino de nuestro Sol.

Si la estrella tiene más de 1.4 masas solares, durante la combustión del helio la estrella se convierte en una gigante roja. Luego de terminado el helio, desaparece la presión degenerada y se apaga de nuevo la caldera nuclear. Pero en este caso se volverá a encender porque la gravedad seguirá comprimiendo el núcleo, hasta que éste esté a una temperatura de varios millones de grados centígrados, y en ese entonces se establecerá nuevamente la fusión nuclear.

g. La tercera etapa: las estrellas de neutrones

Después que se termina el helio, nuevamente desaparece la presión degenerada y la gravedad sigue haciéndose cargo del núcleo. La altísima compresión que se agrega a la ya existente en el núcleo, da lugar nuevamente a la fusión nuclear y esta vez se forma carbono. La fusión de éste a su vez crea oxígeno, silicio y en su etapa final forma hierro. Éste es un elemento tan estable que no sólo no libera calor en su fusión sino que lo absorbe y lo hace del núcleo, donde hay almacenado una cantidad gigantesca de calor a causa de la compresión gravitatoria.

Durante la fusión del hierro sus protones se fusionan con los electrones, formando neutrones y liberando neutrinos. Éstos son partículas muy pequeñas y carentes de masa. Este proceso va acompañado por un indudable triunfo de la presión gravitatoria por sobre la degenerada. A causa de la predominancia de la gravedad, la estrella colapsa y lo hace de una manera espectacular. Su radio inicial, que puede superar el millón de kilómetros, se contrae en unos tres a cuatro segundos, hasta un radio de 10 a 30 kilómetros. Durante este proceso la fusión nuclear genera elementos más pesados que el hierro, además de un importante flujo de neutrinos, luz y elementos radioactivos. Estos últimos decaen rápidamente emitiendo una luz más brillante que una galaxia formada por billones de estrellas. Se ha formado una supernova, la que por un tiempo brillará extraordinariamente en el cielo, a la vez que su gran presión degenerada expulsará sus capas exteriores a velocidades próximas a la de la luz. Dado que el núcleo se ha contraído tanto, la velocidad angular de la estrella crecerá en proporción al cuadrado del cociente entre su radio original y final, de acuerdo al principio de conservación del momento cinético.

Cuando la fusión termina y la explosión luminosa comienza a reducirse, no hay presión radiante que se oponga a la gravedad. Los protones se han fusionado con los electrones dando lugar a neutrones y el núcleo de la estrella está formado solamente por éstos. La actividad de la estrella ha terminado para siempre y solamente queda una esfera de 20 a 30 kilómetros de radio, rotando a gran velocidad y con una densidad tal que un centímetro cúbico, apenas un dedal de costurera, pesa un trillón de kilogramos. No existe nada con semejante densidad en nuestro sistema solar.

Lo más extraordinario es el colapso gravitatorio, porque en un tiempo del orden de 1 segundo, un estrella de unos 300,000 km de radio se contrae a 10 o 20 kilómetros. Durante el colapso se forman elementos más pesados que el hierro, se libera energía lumínica y se forman elementos radioactivos que decaen muy rápidamente produciendo el brillo extraordinario que mencionamos antes.

La gravedad es tan intensa que no es posible ningún tipo de vida sobre la superficie de la estrella de neutrones. Es un cuerpo completamente muerto y estabilizado, pero capaz de producir fuertes curvaturas al espacio-tiempo que lo rodea. Su velocidad angular puede ser de hasta 30 revoluciones por segundo. Un cálculo rápido indica que poco antes de colapsar, la estrella giraba a aproximadamente 0.001 revoluciones por día terrestre. Casi estático frente a la rotación de la Tierra.

Las estrellas de neutrones tienen un intenso campo magnético. Esto hace que sean verdaderos "faros" emisores, cuyo haz se detecta como una radiación de frecuencia muy constante. De allí que se las llame "pulsares". En otras ocasiones ocurre que dos estrellas de neutrones giran una alrededor de la otra formando un conjunto llamado "estrellas binarias". Sus órbitas son generalmente pequeñas y se ha deducido que en ese caso emiten ondas gravitatorias. Esto representa una pérdida de energía y por ende el diámetro de sus órbitas tiende a reducirse. En este caso el colapso entre ellas será inevitable.

h. Cuarta etapa: los agujeros negros

En 1967 el físico americano Wheeler llamó agujeros negros a esos astros que no pueden ser vistos porque no emiten luz alguna, aunque un gigantesco reflector intente iluminarlos. ¿Por qué se produce esto? Porque su gravedad es tan poderosa que no permite que la luz escape de él. Pero no fue en 1967 cuando el hombre comenzó a pensar en la existencia de estos "monstruos gravitatorios". Allá por el siglo XVIII nació en Nottinghamshire, Inglaterra, John Michell (1724-1793) a quien se lo considera el padre de la sismología. Él fue el primero en proponer que los sismos se transmiten por ondas en el seno de la Tierra. Pero además de esto, fue un hombre con múltiples capacidades, ya que fue vicario anglicano, enseñó hebreo, griego, Geometría, Teología y Filosofía en el Queen's College de Cambridge y realizó diversos y estudios y experimentos en el magnetismo y la gravedad. Además, quiso medir la masa de la Tierra, para lo cual inventó una balanza de torsión capaz de medir la atracción gravitatoria entre dos masas, lo que le permitiría determinar el valor exacto de G. Una vez conocido este valor en firme, sería muy fácil despejar la masa de la Tierra de la fórmula de Newton. Lamentablemente la muerte lo sorprendió y no pudo cumplir su sueño. Su instrumento llegó a manos de Henry Cavendish, un hombre tímido y extraño, quien perfeccionó el instrumento de Michell y en 1797 informó un peso de la Tierra muy próximo al que ésta tiene.

En 1784 Michell le envió una carta a Cavendish que resultó ser un interesante documento científico, que fue publicado en los Transactions of the Royal Society. En él se sostenía que la luz pierde velocidad cuanto mayor sean las distancias que transita. Así las cosas, la medición de la velocidad de la luz proveniente de astros lejanos permitiría calcular la distancia a aquéllos. Pero en este documento, Michell agregó que una estrella que tenga la misma densidad que el Sol, pero que su volumen fuera 500 veces mayor que el de éste, atraería los objetos que vienen del infinito con una velocidad superior a la de la luz. Y suponiendo que la luz fuera atraída por la misma fuerza, la luz emitida por el cuerpo sería también atraída por la fuerza de gravedad de la estrella y no podría salir de dicha estrella, a la que Michell llamó "estrella negra". Y así, por primera vez en la historia, un hombre tuvo una visión de lo que son los agujeros negros.

La siguiente etapa histórica de los agujeros negros ocurrió apenas diez años después que Michell publicara sus ideas. Esta vez fue Laplace, quien en su popular obra sobre astronomía publicado en 1796; Mecánica Celeste, sugirió que los astros más luminosos del Universo serían estrellas con una masa gigantesca, pero que no podrían verse porque su propio campo gravitatorio impediría que salga la luz de ellas. En las reimpresiones que siguieron a 1808, Laplace eliminó esta idea de su obra. Perdió así una magnífica oportunidad de que los agujeros negros se llamaran "agujeros de Laplace" o que tuvieran un nombre similar que honrara su memoria.

Veamos ahora cómo se forman los agujeros negros de la solución de Schwarzschild. De acuerdo a los supuestos de esta solución ellos son estáticos; es decir que no rotan. Se forman a partir de una estrella de neutrones que tenga una masa superior a 3.6 a 4 veces la masa solar. Los mantos exteriores de este caso son tan pesados que su acción no queda equilibrada por los mantos interiores de neutrones, sino que siguen comprimiendo más a la estrella, hasta que su radio llega a un valor crítico. Esta tremenda compresión ya no produce combustión nuclear alguna, porque de la masa inicial de la estrella sólo quedan neutrones, los que son absolutamente inertes.

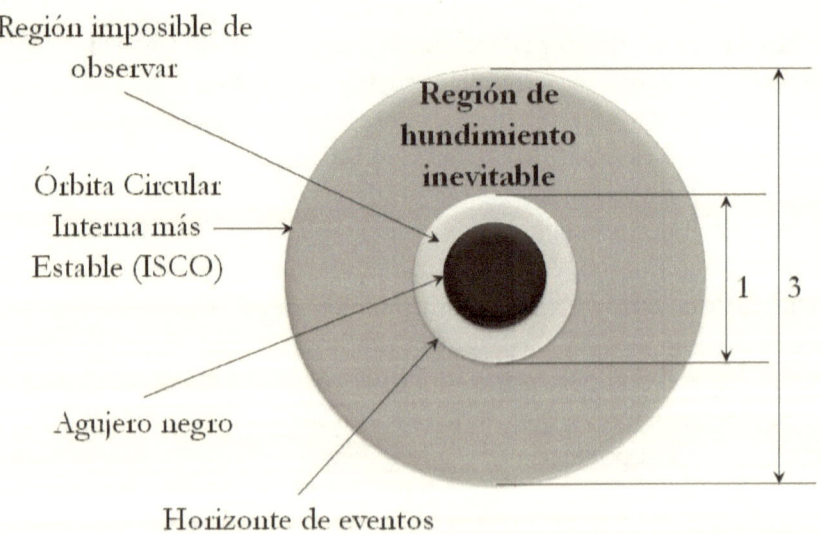

Figura 3.13. Anatomía de un agujero negro estático de radio inferior a su radio gravitatorio

Al llegar al radio crítico y a causa del intenso campo gravitatorio, ni la luz puede salir de la superficie de ella; la estrella ha quedado completamente oscura, y a partir de entonces se llama "agujero negro". Ese radio crítico para el cual la luz queda retenida por la gravedad fue calculado por Schwarzschild, en su famosa solución de las ecuaciones de campo de Einstein, y se lo conoce como "radio de Schwarzschild" o "radio gravitatorio". La superficie esférica cuyo radio es igual a éste, se la conoce como "horizonte de eventos".

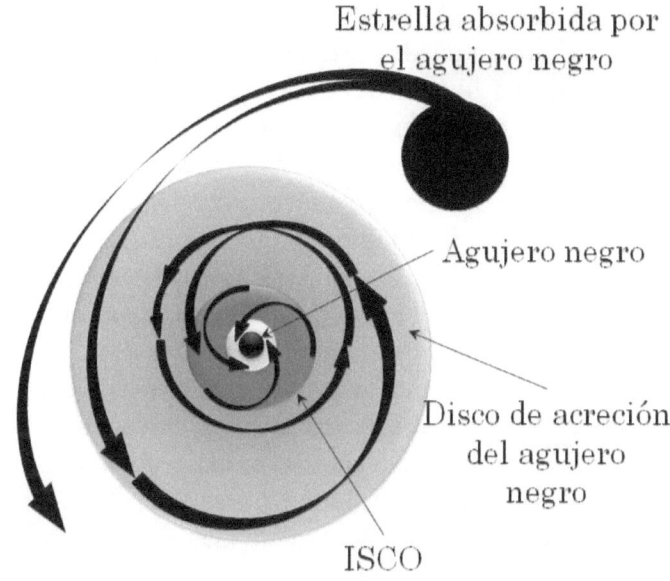

Figura 3.14. Absorción de una estrella por un agujero negro

Una vez que la estrella se ha transformado en un agujero negro, su contracción continúa, con lo cual su radio geométrico queda por debajo del radio gravitatorio. En este caso se ha formado a su alrededor una región de la que nada puede escapar debido a la intensa gravedad creada por la estrella, colapsada sobre sí misma. Esta región es una especie de "atmósfera" que rodea al agujero negro en la que el espacio está extraordinariamente curvado y dado que la luz no puede salir de ella, los fenómenos que allí ocurran nunca podrán ser observados. En esa "oscura atmósfera" que está sobre la superficie de la estrella, ahora brutalmente colapsada sobre sí misma, ni siquiera existen gases, ya que sus moléculas han adquirido forma sólida y se han incorporado a la masa del agujero negro. Véase la Figura 3.13, que muestra la anatomía de un agujero negro estático. La "atmósfera" o región libre que está entre el radio gravitatorio y la superficie del agujero negro, se muestra en color gris en dicha figura.

Pero no termina en el horizonte de eventos la influencia de la fuerte curvatura del espacio. Más allá de él se ha formado una segunda región singular, que se caracteriza porque en ella las partículas y los cuerpos de cualquier naturaleza sólo se pueden mover siguiendo trayectorias en espiral, que los hunden inexorablemente hacia el agujero negro.

En esta región no existen órbitas elípticas estables, como las que la Tierra sigue alrededor del Sol, ni puede ser transitada por astros con trayectorias abiertas, del tipo de las hipérbolas, como las que siguen algunos astros errantes en el espacio, mostradas en la Figura 3.7. En la Figura 3.13, esta "región de hundimiento" inevitable se indica en color naranja oscuro. En ésta, la luz puede escapar y es por eso que todos los fenómenos que ocurran en ella son observables, a diferencia de lo que ocurre con la región dentro del radio de Schwarzschild. En los agujeros negros estáticos el radio de la región de hundimiento es igual a tres veces el radio gravitatorio.

En la región de hundimiento y en la de Schwarzschild hay total libertad de tránsito porque ninguna de las dos está invadida por la masa del agujero negro. Sin embargo, esta libertad de tránsito en esas regiones es un verdadero canto de sirenas. Ni siquiera podría un astro atarse al palo mayor, como lo hizo Odiseo, porque caerá dentro del agujero negro de manera inexorable.

El radio gravitatorio se puede calcular, aproximadamente, multiplicando por 3 la cantidad de masas solares contenidas en la masa del agujero negro. Por ejemplo, estrellas con una masa equivalente a 4 millones de soles, tienen un radio gravitatorio del orden de 12 millones de kilómetros, y éste será por lo tanto el radio de la estrella al convertirse en agujero negro. La cifra parece gigantesca, pero si se la compara con Canis Mayor, la estrella más grande conocida, que es una gigante roja que tiene un radio de 1,400 millones de kilómetros, aquellos agujeros negros ya no parecen tan grandes. Con la misma forma de cálculo podemos saber que los agujeros negros medianos, que tienen entre 1,000 y 10,000 masas solares, tienen radios gravitatorios que varían de 3,000 a 30,000 kilómetros como máximo.

Una vez que un agujero negro se ha formado, éste comienza a reclamar cuanta materia o energía radiante se encuentre próxima.

Un caso que se supone común, es el de una estrella próxima al agujero negro, que de a poco se ve absorbida por la acción gravitatoria de éste, para terminar desaparecida en el seno de aquél. Véase la Figura 3.14.

Esta figura muestra que alrededor del agujero negro se agrupa la materia, bajo la forma de un gigantesco remolino, debido a la curvatura del espacio que hay a su alrededor. Es el llamado "disco de acreción", el cual constituye una especie de "alacena de alimentos" del agujero negro.

No toda la materia absorbida de la, o las estrellas próximas entra al agujero negro porque una enorme cantidad de ella queda circulando alrededor de éste, por millones de años, hasta que finalmente una gran parte de esta materia se aproxima a la esfera definida por la zona de hundimiento. Se llaman órbitas estables a las que siguen las partículas de polvo estelar del disco de acreción, que no entran a la región de hundimiento. Las órbitas inestables son las que están dentro de la esfera de hundimiento y ya vimos que tienen una forma de espiral convergente hacia el centro del agujero negro. Es por eso que el límite dado por la esfera de hundimiento se denomina Órbita Circular Interna más Estable. Se la conoce más por sus siglas inglesas; ISCO (Internal most Stable Circular Orbit).

El disco de acreción contiene partículas gaseosas rotando alrededor del agujero negro, formando un torrente de plasma caliente que tiene hasta 20 millones de grados Kelvin en el lado interno del disco de acreción, que es el que rota a mayor velocidad. Debido a que una temperatura expresada en grados Kelvin es mayor en 273 grados respecto de nuestros conocidos grados centígrados, nada le impide al lector pensar las enormes temperaturas del disco de acreción en grados centígrados. Igual pensará que los grados centígrados de la masa que rota alrededor del agujero negro, son también unos 20 millones. Esta masa de plasma emite rayos X y genera un campo magnético, hasta que se aproxima al límite ISCO. Un vez que entra en la zona de hundimiento, su velocidad de caída es muy alta y por lo tanto su emisión de rayos X deja de ser significativa. Véase una imagen aproximada de lo que sale de un disco de acreción en la Figura 3.15.

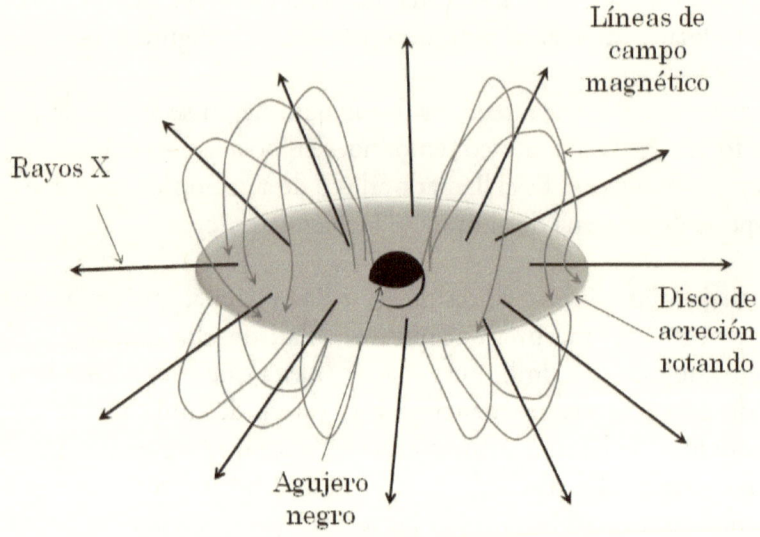

Figura 3.15. Emisiones y líneas magnéticas de un agujero negro

La emisión de rayos X es un enorme torrente que vira hacia el rojo a causa de la presencia del extraordinario campo gravitatorio y de la pérdida de energía de los fotones que salen del agujero negro. Las líneas de fuerza del campo magnético del plasma, en el disco de acreción, permiten extraer energía de éste, lo cual genera potentes chorros de materia hacia afuera del disco de acreción y aumenta la emisión de rayos X.

Cuando se aplican las ecuaciones de la solución de Schwarzschild a la superficie del radio gravitatorio, éstas demuestran que el tiempo observado externamente cesa de fluir. Es por eso que si un astro cae hacia un agujero negro, se observa que cuando aquél llega al radio gravitatorio su caída se detiene y ahí queda para siempre. Pero esto sólo lo ve un observador externo, ya que si es una persona la que cae, ésta no nota nada al cruzar el radio gravitatorio . . . si es que soporta el tremendo tirón gravitatorio generado por el agujero negro. Éste le hará perder la vida sin duda alguna, asumiendo que haya llegado vivo a las proximidades del agujero negro.

La reducción del radio geométrico de una masa por debajo de su radio gravitatorio es una propiedad que caracteriza a los agujeros negros.

Tengamos una idea de las dimensiones que hablamos: el Sol tiene un radio de 696,000 Km y un radio gravitatorio de 3 Km. Es decir que para que se transforme en un agujero negro debería contraer, al menos, en 464,000 veces el radio de su actual masa, sin perder un solo gramo de ella.

Los comportamientos de los agujeros negros son propios de la ciencia ficción y ésta a su vez recurre a ellos cada vez con mayor frecuencia. Sin embargo, la física de los agujeros negros dice que éstos son objetos estelares muy simples y podemos agregar que razonablemente bien conocidos, si es que podemos decir que en algo la Ciencia conoce todo o casi todo. Aunque los agujeros negros tienen una sencilla organización interna, mucho más simple que el organismo de una hormiga, es un desafío la creación de un modelo que explique su comportamiento porque la Relatividad General no es suficiente; hay que recurrir también a la Mecánica Cuántica.

En el Capítulo 7 veremos el modelo que le debemos a Schwarzschild, pero es bueno recordar que fue Hawking quien explicó más integralmente los agujeros negros, toda vez que unió, por primera vez en la historia de la Ciencia, la Mecánica Cuántica y la Relatividad General. Sus estudios demostraron que los agujeros negros emiten cierto tipo de radiación y que se desordenan de a poco, siguiendo la ley de aumento de entropía de la Termodinámica. En los agujeros negros, la entropía es su tamaño y es por eso que éstos crecen con el transcurso del tiempo a medida que devoran masa y energía.

Finalmente nos preguntemos como se ve un agujero negro durante su formación. Cuando un agujero negro se forma, se puede observar a su alrededor un halo de luz que de a poco comienza a apagarse porque la gravedad está reclamando su luz. Claro que esto sucede a lo largo de miles o millones de años. Son los últimos estertores de la estrella de neutrones. Su vida con brillo desaparece entonces para siempre. Y según el estado de la Ciencia actual, podemos asegurar que esa estrella nunca más podrá ser observada, aunque las investigaciones de Hawking demuestran que podríamos detectar su existencia por las radiaciones que emite.

11. El modelo rotatorio de Kerr para los agujeros negros

La existencia de los agujeros negros fue mirada desde el comienzo con gran desconfianza. Ellos aparecieron por primera vez en la solución de Schwarzschild y es por eso que fueron llamados "singularidad de Schwarzschild". En este caso se debe considerar que una singularidad es un fenómeno que existe en un lugar del espacio, donde ciertos valores se hacen infinitos. Y una solución infinita es inmanejable físicamente; no hay manera de sacar conclusiones o visualizar lo que allí ocurre. Y es por esto que nadie creyó en que tal singularidad fuera un fenómeno real. Durante décadas se la consideró a ésta una curiosidad matemática, sin realidad física, producto de los supuestos que hizo Schwarzschild cuando desarrolló su famosa solución, que simplificaron el problema a resolver. El mismo Einstein formaba parte de los descreídos de la existencia de los agujeros negros, lo cual le hizo perder la oportunidad de pronosticar su existencia sobre la base de sus propias teorías, como sucedió con el desvío gravitatorio de la luz.

Pero allá por el año 1963, un matemático neozelandés llamado Roy Kerr (1934-), de la Universidad de Austin en Texas, publicó un artículo en el que daba una solución sorprendente a las ecuaciones de campo. Kerr había adoptado una masa esférica maciza, sin carga eléctrica alguna, como la que supuso Schwarzschild, pero le imprimió a la esfera una velocidad de rotación. El cambio fue importante. La velocidad de rotación, normalmente conocida por su término inglés "spin", había transformado la esfera ideal de Schwarzschild en un caso real: la esfera se comportaba igual que el núcleo de una estrella que había terminado de consumir su combustible y estaba convirtiéndose en una estrella de neutrones y luego en un agujero negro, mientras rota a elevada velocidad

En su artículo, Kerr había determinado la métrica correspondiente a este caso, hoy llamada "métrica de Kerr" y la curvatura del espacio-tiempo creada por la esfera rotante. Lo más interesante es que en el centro de la esfera de esta solución, donde Schwarzschild había encontrado una singularidad, Kerr no encuentra ninguna singularidad. Más aún; a medida que se contrae el núcleo de la esfera debido a la terrible compresión a la que está sometido, el modelo de Schwarzschild dice que la masa tiende a ser un punto, lo cual configura la mencionada singularidad de Schwarzschild. En el modelo de Kerr en cambio, la masa termina concentrándose en un anillo, el cual crea una gravedad repulsiva y no atractiva como la conocemos nosotros.

Por otra parte la regiones de Schwarzschild y de hundimiento en el modelo de Kerr son notoriamente menores que en el caso del agujero negro estático, según sea la velocidad angular de giro del agujero negro. Existe en este modelo una región análoga a la de hundimiento, que se llama "ergo-esfera" y su límite externo se denomina "límite estático". El espesor de la ergo-esfera es variable con la velocidad de giro del agujero negro y toda partícula que se encuentre dentro de ella está siempre en movimiento.

Además, las ecuaciones de Kerr demuestran la existencia de un fenómeno no observado hasta ahora, y que quizá nunca se lo pueda observar, que es el intercambio del espacio por el tiempo y viceversa en la zona del horizonte de eventos. Es difícil imaginar este intercambio de roles en dos magnitudes tan diferentes para nuestro sentido común.

La generalización del modelo de Kerr al caso de una esfera rotando y cargada eléctricamente también ha sido desarrollada, pero no por Kerr, sino por Ted Newman. Todos estos modelos han significado un importante avance del modelo de Schwarzschild y ayudan sensiblemente a interpretar el Universo.

Roy Kerr es un brillante matemático retirado de su actividad en 1993. No solamente ha sido un destacado científico, sino que ha descollado en su juventud como boxeador y es también un reputado campeón internacional de bridge. A los 19 años recibió su grado de Master en Matemáticas en la Universidad de Nueva Zelandia. De allí se fue a EEUU, donde obtuvo su PhD en 1960, en Cambridge, defendiendo una tesis sobre las ecuaciones de movimiento en Relatividad General. Luego de esto trabajó en un proyecto de anti-gravitación para la Fuerza Aérea Americana. Kerr solía referirse con ironía a este proyecto, diciendo que la única razón por la cual la Fuerza Aérea de EEUU lo había llevado adelante, era para demostrarle a la Marina que ellos también tenían capacidad para hacer investigación pura. Puede que alguna razón tenga este mordaz comentario. Luego Kerr estuvo algunos años en la Universidad de Austin, Texas, donde desarrolló su famoso modelo rotativo a los 29 años de edad. Él ha manifestado en muchas ocasiones que no se percató de la importancia del descubrimiento de su métrica hasta que la comunidad científica se lo hizo notar.

En 1971, Kerr retornó a la Universidad de Canterbury en Nueva Zelandia, donde se quedó hasta retirarse en 1993. En ésta, la última etapa profesional de su vida, estuvo 22 años enseñando Matemáticas y fue también Director del Departamento de esa ciencia durante 10 años. Disfruta ahora del merecido descanso de su retiro.

12. Algo para recordar sobre la gravedad

Recordemos siempre que la gravedad no es solamente "caerse de una escalera". Al menos debemos reconocer y recordar que ella nos permitió tener vida al hacer que se aglutine la materia. Si no fuera por ella, nuestros átomos formarían parte del polvo proto-galáctico. Sin embargo la vida ésta tampoco se puede desarrollar en campos gravitatorios extremos. Si éstos son de muy baja intensidad lo más probable es que el planeta tenga una consistencia gaseosa o blanda, que no permitiría la existencia de la vida tal como la que conocemos en la Tierra. Tampoco es posible la vida en campos intensos, porque éstos destruirían cualquier organismo. En cambio en astros como la Tierra, cuya gravedad es moderada, ha sido posible que se desarrollen organismos altamente organizados. Y si comparamos a éstos con el mundo subatómico o con las gigantescas masas cósmicas, veremos que estas estructuras de tamaños extremos son muy simples. Su nivel de organización no tiene la sofisticación del organismo de una simple hormiga o de un mamífero pequeño y mucho menos la del hombre. De manera que tanto el tamaño de una estructura, como el campo gravitatorio donde ella se encuentra, hacen a su organización.

La Tierra, afortunadamente, cumple con la solución de compromiso que permite la vida: su campo gravitatorio no es tan intenso como para que destruya los organismos vivos, ni tan débil como para que impedir que nuestro planeta se hubiera formado. Es interesante saber que los estudios médicos realizados a los astronautas que han pasado un tiempo considerable en el espacio, sometidos a la ausencia de gravedad, ha demostrado que la masa muscular tiende a reducirse y los huesos se demineralizan en ese ambiente sin gravedad. Estos efectos biológicos ponen en duda la posibilidad de establecer una colonia en la Luna por ejemplo, donde la gravedad es apenas el 16% de la de la Tierra. Podemos entonces imaginar que aquéllos que nazcan en tales colonias tendrán una adaptación a esa baja gravedad, y por lo tanto difícilmente podrán viajar a la Tierra de sus antepasados, sin sufrir serias consecuencias en su estructura ósea u otros componentes de su organismo.

Pero volvamos a la Relatividad General y recordemos que ha sido muy importante el logro de sus dos grandes objetivos, es decir: obtener una teoría gravitatoria que respete el Principio de Relatividad y hacer que éste sea también extensivo a sistemas arbitrarios acelerados. Por eso es que la Relatividad General no sólo es una teoría gravitatoria, sino también una extensión de la Relatividad Especial a sistemas de referencia acelerados. Las ecuaciones del campo gravitatorio que establece son por lo tanto válidas en cualquier sistema de referencia, sea que éste se mueva a velocidad uniforme o aceleradamente.

Esta posibilidad de la Relatividad General, que es la de tener ecuaciones válidas en sistemas arbitrarios, constituye una diferencia fundamental con la Relatividad Especial, en la que sólo valen las coordenadas cartesianas. Por lo tanto, las ecuaciones de campo relativista tienen carácter tensorial, lo que asegura que preservan la covariancia entre sistemas arbitrarios, cumpliendo así con el Principio de Relatividad General.

Y ahora es lógico preguntarse: ¿Es correcta toda esta parafernalia de conceptos tan abstractos como la curvatura del espacio-tiempo? ¿Cómo se la ha comprobado en la práctica? La pregunta es más que lógica y tiene justicia para el lector que haya soportado todo este relato memorioso. Por eso mencionaremos algunos de los más resonantes casos que constituyen pruebas prácticas de la exactitud de la Relatividad General.

1915: La precesión del perihelio de Mercurio, no explicada por la Mecánica Clásica, fue descubierta por el astrónomo francés Urbain Le Verrier en 1855. Éste atribuyó el fenómeno a la presencia de un planeta que no existe. La explicación correcta es que la curvatura del espacio-tiempo y no la fuerza de gravedad es la causante de este fenómeno. Einstein lo descubrió una semana antes de la presentación de su artículo sobre Relatividad General, cuando usó sus ecuaciones del campo gravitatorio para el cálculo del ángulo de precesión del perihelio de Mercurio. En ese momento encontró, con gran emoción, que su cálculo coincidía con los valores observados por los astrónomos. Fue un momento culminante en su carrera científica. Ansiaba llegar a este resultado desde 1907. Según dicen su excitación fue tan grande que no pudo trabajar en los tres días siguientes.

1919: Durante un eclipse de sol, Andrew Crommelin y Arthur Eddington comprobaron que la masa del Sol desvía los rayos de luz de las estrellas lejanas. El ángulo de desviación coincide exactamente con el predicho por Einstein, quien lo calculó con sus propias ecuaciones de campo. La conclusión de este experimento no es menor, ya que los fotones no tienen masa y por lo tanto la única explicación posible a la desviación de la luz es la curvatura del espacio-tiempo en las proximidades del Sol.

1922: El cosmólogo y matemático ruso Alexander Friedman vivió en épocas turbulentas y murió muy joven, pero fue brillante. Combatió en la Primera Guerra Mundial y no sabemos si alguna vez se enfrentó al astrónomo alemán Schwartzschild como enemigo. Friedman demostró en 1922 que, de acuerdo a la Relatividad General, el Universo está en expansión, lo que fue corroborado pocos años después por Hubble. El sacerdote católico belga Georges Henri Lemaitre, en 1927 también demostró que el Universo está en expansión y propuso que éste había nacido como una tremenda explosión hoy conocida como big-bang. Es por lo tanto el padre de esta teoría. Einstein, creyente que el Universo era estático, introdujo una "constante cosmológica" en sus ecuaciones de campo para que éstas siempre generen un Universo estático. El arreglo fue "un mal parche", porque la solución que arrojan las ecuaciones de campo modificadas de esta forma es inestable y además porque el Universo está en expansión.

1929: Edwin Hubble demostró, sobre la base de sus observaciones, que el Universo está en expansión. Ante esta evidencia, Einstein eliminó de sus ecuaciones de campo el término cosmológico que había introducido arbitrariamente años atrás y declaró que éste había sido el error más grande de su vida.

La Relatividad General ha sido comprobada en muchos otros diversos experimentos, aunque su aplicación práctica no tiene la gran difusión que tienen la Mecánica Clásica, la Relatividad Especial y la Mecánica Cuántica. Sólo viajando al futuro podremos conocer el papel que finalmente tendrá esta teoría, considerada por algunos como la más grande creación del intelecto humano. Sin desmerecer a Einstein creemos que esta aseveración es injusta con otros logros del hombre.

Einstein falleció en Princeton, EE.UU., el 18 de Abril de 1955. Su obra fue gigante. Alguien dijo y con toda razón que si Einstein no hubiera escrito una sola palabra sobre la Relatividad, igual sería uno de los físicos teóricos más importantes de la Historia. Después de su muerte se descubrieron quásares, estrellas neutrónicas, agujeros negros y radio galaxias, todos ellos astros y fenómenos que la Relatividad General permite entender y predecir.

Hoy vivimos una situación similar a la de comienzos del siglo XX: existen dos ciencias físicas de gran peso: la Relatividad General que trata sobre el "mundo gigante" y la Mecánica Cuántica que trata, y con magnífico éxito tecnológico, sobre el mundo subatómico. Lamentablemente sus leyes son diferentes, lo cual no parece razonable y no muestran un punto de contacto. Es por eso que Einstein dedicó el resto de sus años, después de 1915, a encontrar una teoría de campo unificado. Nunca la consiguió. Bien se dice que éste fue el noble fracaso de su vida.

Los agujeros negros nacen de las estrellas de neutrones. Podemos definirlos como astros cuyo radio es igual a su radio gravitatorio, como máximo. El fenómeno más notorio, producido por un agujero negro, es que sobre su radio gravitatorio la velocidad de escape es igual a la de la luz. Esto hace que los hechos que ocurran dentro del radio gravitatorio sean inobservables.

Quien más se ha acercado al punto de reunión de la Relatividad General con la Mecánica Cuántica es el científico inglés Stephen Hawkings (1942-) aquél que demostró hace ya algunos años, que los agujeros negros pueden emitir radiaciones. Sus investigaciones llevaron al descubrimiento de este primer contacto entre la Relatividad General con la Mecánica Cuántica. La figura de Hawking en la Ciencia es casi una leyenda, estando él con vida aún.

Y habiendo entrado al final de estas "memorias de la gravedad" hemos terminado de recorrer el hilo que unió a Aristóteles con Einstein. Hagamos un acto final para rendir a quienes, a la par de Einstein, también se esforzaron por darnos una teoría gravitatoria geométrica, tal como Nordstrom, Lorentz, Poincaré, Hilbert, etc.

Pero todo lo que hemos narrado, es apenas un paso pequeño frente a todo lo que falta por conocer. Si bien los físicos tienen mucha tarea por delante para terminar de entender el Universo en que vivimos, los matemáticos no tienen un problema que sea menor. Ellos deben crear herramientas mucho más sofisticadas que las actuales, para que la Física siga ampliando sus fronteras. Ahora, apenas nueve años después del inicio del siglo XXI, pareciera que la Teoría de Cuerdas y la Gravedad Cuántica nos pueden aproximar a la verdad sobre la gravitación, ese enigma en el que estamos profundamente sumergidos y sin el cual la vida que conocemos no sería posible. Esta es una conclusión pero no un final. Apenas hemos empezado.

Bibliografía

Principales obras consultadas para hacer la investigación expuesta en la Parte III y escribir este libro.

I. **Obras científicas de Albert Einstein**
   a. The Principle of Relativity. H.A. Lorentz. A. Einstein. H. Minkowski. H. Weyl. Dover Publications. Colección de memorias originales sobre la Teoría Especial y General de la Relatividad que incluye, entre otros, los dos trabajos fundamentales de Einstein sobre la Relatividad y la conferencia de Minkowski sobre tiempo y espacio de 1908.:
      i. On the Electrodynamics of Moving Bodies. A. Einstein. Tradución de: "Zur Elektrodynamik bewegter Körper", Annalen der Physik,17, 1905.
      ii. The Foundation of the General Theory of Relativity. A. Einstein Tradución de: "Die Grundlage der allgemeinen Relativitätstheorie", Annalen der Physik, 49, 1916.
      iii. Space and time. H. Minkowski. Traducción de su conferencia en la 80 Assembly of German Natural Scientists and Physicians, en Colonia, Alemania, 21 of September de 1908
   b. El Significado de la Relatividad. Conferencias en Princeton. 1921. Albert Einstein. Planeta Agostini.
   c. Sobre la Teoría Especial y la Teoría General de la Relatividad. Albert Einstein. Planeta Agostini.
   d. Relativity. The Special and the General Theory. Albert Einstein. Three Rivers Press.
   e. Notas Autobiográficas. Albert Einstein. Alianza Bolsillo.

f. Einstein's 1912 Manuscript on the Special Theory of Relativity. George Braziller, Publishers in association with Edmond J. Safra Philantropic Foundation.

II. **Obras científicas sobre Relatividad General y Gravedad**
   a. La Teoría de la Relatividad. Selección de L. Pearce Williams. Albert Einstein. Adolf Grünbaum. A.S. Eddington y otros. Alianza Universidad.
   b. The Theory of Relativity. R. K. Pathria. 2nd. Edition. Dover Publications.
   c. Theory of Relativity. W. Pauli. Dover Publications.
   d. Tensors Relativity and Cosmology. Mirjana Dalarsson and Nils Dalarsson. Elsevier Academic Press.
   e. Gravity. An introduction to Einstein's General Relativity. James B. Hartle. Adison Wesley.
   f. Gravity from the ground up. Bernard Schutz. Cambridge University Press.
   g. Exploring Black Holes. Introduction to General Relativity. Edwin F Taylor y John Archibald Wheeler. Addison Wesley Longman.
   h. Gravitation. Charles Misner. Kip S. Thorne. John Archibald Wheeler. W. H. Freeman and Company.
   i. Geometry, Relativity and the Fourth Dimension. Rudolf v. B. Rucker. Dover Publications.
   j. Introducción a la Relatividad. Paul Langevin. Ediciones Leviatán.
   k. The Riddle of Gravitation. Peter G. Bergmann. Dover Publications.
   l. Einstein's Theory of Relativity. Max Born. Dover Publications.
   m. El Señor es sutil. La ciencia y la vida de Albert Einstein. Abraham Pais. Ariel Methodos.
   n. Introduction to Theory of Relativity. Peter Gabriel Bergmenn. Dover Publications.
   o. Introduction to Tensor Calculus, Relativity and Cosmology. D. F. Lawden.
   p. A Short Course in General Relativity. J. Foster. J. D. Nightingale. Springer.
   q. Relativistic Orbits and Black Holes. Frank Wang. Universidad de Columbia. Aplicación de Maple a la solución de las ecuaciones diferenciales del movimiento en campos gravitatorios de Schwarzschild. 20 de Mayo de 2004.

r. Introduction to Relativistic Astrophysics and Cosmology through Maple. Vladimir L. Kalashinov. Belorussian Polytecchnical Academy.
s. Teoría Clásica de los Campos. Landau y Lifshitz. Volumen 2. Editorial Reverté S.A., 1987.
t. Lagrangian and Hamiltonian Mechanics. M. G. Calkin. Dalhousie University, Halifax. World Scientific.
u. Las Hipótesis de los Planetas. Ptolomeo. Alianza Editorial.
v. Space-Time Structure. Erwin Schrödinger. Cambridge University Press
w. The Meaning of Einstein's Equation. John C. Baez y Emory F. Bunny. Trabajo publicado en Internet. 4 de Enero de 2006.

III. Obras científicas sobre la Teoría de la Relatividad Especial

En la bibliografía anterior es frecuente encontrar también temas y desarrollos de la Relatividad Especial.

a. Introducción a la Teoría Especial de la Relatividad. Robert Resnick. Limusa.
b. Teoría Especial de la Relatividad. Electromagnetismo y Electrodinámica de los Cuerpos en Movimiento. Ernesto Galloni. Heraclio Ruival. Editorial Geminis.
c. La Teoría de la Relatividad al Alcance de la Enseñanza Media. Alfredo Plos. Librería de la Universidad.
d. Problemas de Teoría de Relatividad Especial de Einstein. Juan Kervor. Nueva Librería.
e. Compendium of Theoretical Physics. Armin Watcher y Henning Hoeber. Springer

IV. Obras de divulgación

a. The Story of Physics. Lloyd Motz y Jefferson Hane Weaver. Avon Books.
b. Gravedad. George Gamow. Eudeba.
c. God's equations. Einstein Relativity and the Expanding Universe. Amir D. Aczel. Four Walls Eight Windows.
d. Que es la Teoría de la Relatividad. L. Landau. Y. Rumer. Editorial MIR. Moscú.
e. La Teoría de la Relatividad de Einstein. Joseph Lehman. Editorial Leviatán.
f. Gravity's Arc. David Darling. Wiley.

g. El Mundo Relativista. V. Dubrovski. Ya. Smorodinski. E. Surkov. Editorial MIR. Moscú.
h. La Relatividad General (de la A a la B) Robert Geroch. Alianza Universidad.
i. Un Viaje por la Gravedad y el Espacio-Tiempo. John Archibald Wheeler. Alianza Editorial.
j. The Science of Islam. A History. Ehsan Masood. Icon Books.
k. Black Holes & Time Warps. Kip. S. Thorne. W. W Norton and Company. Copyright 1994 by Kip S. Thorne.
l. Cinco Ecuaciones que Cambiaron el Mundo. Michael Guillen. Editorial De Bolsillo.
m. Great Ideas in Physics. Alan Lightman. McGraw Hill.
n. The Elegant Universe. Brian Greene. Vintage Books.
o. Universe on a T Shirt. Dan Falk. Viking Canada.
p. Agujeros Negros y Pequeños Universos. Stephen Hawking. Planeta.
q. Kepler. Arthur Koestler. Editorial Salvat.
r. Our Cosmic Habitat. Martin Rees. Phoenix.

www.ingramcontent.com/pod-product-compliance
Lightning Source LLC
Chambersburg PA
CBHW032007170526
45157CB00002B/582